웅! 생물학
김응빈의 과학 교양

초판 1쇄 발행 / 2025년 9월 18일

지은이 / 김응빈
펴낸이 / 염종선
책임편집 / 김새롬
조판 / 황숙화
펴낸곳 / (주)창비
등록 / 1986년 8월 5일 제85호
주소 / 10881 경기도 파주시 회동길 184
전화 / 031-955-3333
팩시밀리 / 영업 031-955-3399 편집 031-955-3400
홈페이지 / www.changbi.com
전자우편 / human@changbi.com

ⓒ 김응빈 2025
ISBN 978-89-364-8093-6 03400

* 이 책 내용의 전부 또는 일부를 재사용하려면
  반드시 저작권자와 창비 양측의 동의를 받아야 합니다.
* 책값은 뒤표지에 표시되어 있습니다.

김응빈의 과학 교양

응! 생물학

김응빈 지음

창비

추천의 말

도대체 얼마나 오랫동안 사람들과 과학 Q&A를 나누며 호기심을 북돋아야 이런 책을 쓸 수 있을까? 『웅! 생물학』은 지식의 결핍을 메우려는 학습서가 아니라, 질문이 떠오를 때 온몸을 휘감는 전율을 선사하는 과학 교양서다. 일상의 소소한 의문에서 상상 속 생물에 이르기까지 폭넓게 다루면서도 결코 가볍지 않은 통찰을 전한다. 무엇보다 인상적인 점은 과학을 '가르침'이 아니라 '대화'로 풀어내려는 김응빈 교수의 태도다. "왜?"라는 물음이 결핍이 아니라 새로운 세계로의 초대장이라는 선언은 AI시대의 우리에게 더없이 소중한 메시지다. 이 책을 펼치는 순간 누구나 호기심 어린 질문 하나로 생물학의 장엄한 우주에 들어서게 된다. 과학을 어렵게 느끼는 독자들에겐 즐거운 발견을, 이미 과학을 사랑하는 독자들에겐 더 큰 영감을 줄 것이다.

이정모(전 국립과천과학관장)

반찬 가짓수가 다양한 식당에 가면 상차림만으로도 벌써 행복하다. 먹고 싶은 반찬만 골라서 먹을 수도 있고, 차근차근 순서대로 입안에 넣어도 훌륭하다. 심지어 모든 반찬에 정성이 가득 담겨 있는 한상차림 맛집이라면 어떤 반찬 하나라도 결코 놓칠 수 없고, 혹시라도 포만감에 지나치게 된 아쉬운 반찬은 다시 식당을 방문하게 만드는 기대로 남는다. 생물학 분야에서 가장 소문난 반찬 맛집인 저자는 수라상처럼 차린 과학 이야기를 자유롭게 펼친다. 덕분에 독자는 이 책 안에서 다양한 주제와 세계를 경험한다. 미생물학자의 현미경에서 출발한 시선은 어느새 무심코 지나친 일상에 대한 호기심으로 바뀌고, 급기야 상상의 존재나 영화 속 생명체까지 무한하게 확장된다. 끝나지 않을 것만 같은 즐거운 생물학적 유희는 결국 모든 생명의 내면에 숨 쉬는 단 하나의 논리, 존재라는 경이로운 법칙을 향한 집요하고도 우아한 추적이 된다. 잘 차려진 사유의 만찬이 주는 지식의 충분한 만족감 속에서 과학의 맛과 멋에 대한 기대가 끝없이 이어진다. 하나하나가 감칠맛 나는 생물학의 가장 매력적인 지적 별미를 바로 만나보자.

궤도(과학 커뮤니케이터, DGIST 특임교수, 『과학이 필요한 시간』 저자)

궁금하면 떨리는 생물학의 세계

10여 년 전, '세바시(세상을 바꾸는 시간, 15분)'라는 강연 무대에 서게 되었습니다. 500명이 넘는 청중 앞에서 진행된 공개 녹화였고, 이후 공중파 방송과 유튜브를 통해 전국으로 전파된 저의 첫 대중 강연이었습니다. 그때 제가 선택한 주제는 다름 아닌 '대변 이식'이었습니다. 당시로서는 낯설고 충격적인 주제였습니다. 고질적인 장 염증으로 고통받는 환자에게 건강한 사람의 대변을 이식한다는 발상은 청중에게 당혹과 놀라움으로 다가왔습니다.

저는 차분히 설명을 이어갔습니다. "대장내시경을 할 때처럼 먼저 장을 깨끗하게 비우고, 그 자리에 건강한 사람에게서 얻은 좋은 '그것'을 증류수에 풀어 넣어주는 겁니다. 쉽게 말해 똥물을 주입하는 거죠." 순간 강연장은 숨죽인 듯한 정적에 잠겼다가, 곧 여기저기서 놀란 탄성이 터져 나왔습니다. 어떤 이는 얼굴을 찡그렸고, 믿기 힘들다는 듯 고개를 갸웃거리는 이도 있었습니다.

그러나 이 낯선 치료법이 실제로 난치성 장 질환 환자를 살려낸 사례라는 이야기가 이어지자, 객석은 큰 박수와 환호로 가득 찼습니다. 똥 이야기가 뜨거운 갈채로 이어질 거라곤 전혀 예상하지 못했던 일이었습니다.

그 경험은 과학이 단순한 지식의 나열이 아니라, 사람들의 감각을 흔들고 호기심을 자극하며 새로운 질문으로 이끄는 강력한 힘을 지니고 있음을 일깨워주었습니다. 그리고 바로 그 무대를 계기로 저는 대중과의 소통에 눈을 뜨게 되었습니다. 교양서를 통해 일상의 질문을 과학으로 풀어내기 시작했고, 신문 칼럼으로 더 많은 독자와 만났습니다. 글쓰기는 강연으로 이어졌고, 강연에서 던져진 새로운 질문들은 다시 저술의 주제가 되었습니다.

글쓰기와 강연, 저술이 꼬리를 물며 이어지는 선순환 속에서 대중과의 대화는 점점 더 깊어졌습니다. 그 흐름은 마침내 유튜브 채널 〈김응빈의 응생물학〉 개설로 이어졌습니다. 미생물에서 거대생물까지 생명체의 다양한 신비를 전한다는 캐치프레이즈를 내걸고 2022년 11월 29일 첫 영상을 올린 뒤, 저는 꾸준히 과학 이야기를 전하는 데 힘썼습니다. 그렇게 1년 남짓 지나자 댓글과 토론을 통해 이야기가 확장되며, 대형 강연장보다도 더 넓고 깊은 대화의 장이 열렸습니다.

그러나 유튜브의 이야기는 본질적으로 순간에 머뭅니다. 생생한 호기심은 기록되지 않으면 곧 사라지고 맙니다. 그래서 그동안 많은 시청자의 호응을 얻었던 영상들을 가려 뽑아, 정지된 시공간 속에 활자로 옮겨 담고자 했습니다. 흘러가는 호기심을 기록된 질문으로, 스쳐 지나가는 떨림을 오래 머무는 사유로 전환하는 시도입니다. 이 책은 그렇게 건져올린 대화의 작은 모음집입니다.

호기심은 머릿속에 번개처럼 스치는 '왜'를 불러옵니다. 그 순간 온몸을 진동케 하는 떨림이야말로, 궁금증이 주는 가장 근원적인 즐거움입니다. 이 책은 그러한 호기심과 떨림의 여정을 따라갑니다. **1장 모든 생명은 경이롭다**에서는 땅콩 한알에서 코끼리에 이르기까지, 자연 속에서 샘솟는 물음표들을 탐험합니다. **2장 인간, 가장 흥미로운 존재**에서는 우리 자신을 둘러싼 궁금증을 살펴봅니다. **3장 상상과 현실 사이, 선을 넘는 과학**에서는 미켈란젤로의 그림부터 피카츄까지, 과학과 상상이 교차하는 지점을 추적합니다. 이야기 끝마다 수시로 **응, 토론하자!** 코너를 마련했습니다. 여기에서 던지는 질문들은 독자가 스스로 혹은 친구, 심지어 AI와 함께 토론하며 사고를 확장할 수 있도록 구성했습니다. 이 과정을 통해 미래의 키워드를 검토하고, 무엇보다 AI시대의 가장 중요한 힘인 '생각의 힘'을 키워가기를 바라는 마음입니다.

과학은 질문하는 순간 가장 빛나며, 그때 우리의 마음을 흔드는 떨림이 찾아옵니다. 천진난만한 질문은 무지를 드러내는 표시가 아니라, 앎의 세계로 들어가는 열쇠입니다. 부디 이 책이 독자 여러분께 과학의 즐거움으로 다가가는 산책길이 되어 또다른 물음표와 떨림으로 이어지기를 바랍니다. 그렇게 피어나는 더 많은 물음표가 새로운 여정의 문을 열어줄 것이라 기대합니다.

행복한 떨림 속에 첫 손주 제이를 기다리며,
마음 설레는 2025년 9월 어느날에
김웅빈

차례

추천의 말　　　　　　　　　　　　　　　　　　　004
서문 궁금하면 떨리는 생물학의 세계　　　　　　006

1장 모든 생명은 경이롭다

자연이 던지는 무한한 질문들

1. 파랑새, 정말 존재할까?　　　　　　　　　　　015
2. 인간과 고래가 대화할 수 있을까?　　　　　　　023
3. 100퍼센트 암컷으로 태어나는 드렁허리의 생존 전략은?　029
4. 미역의 충격 고백: 나는 식물이 아니야!　　　　037
5. 토끼와 거북은 아직도 경쟁하고 있을까?　　　　045
6. 100미터 나무는 어떻게 물을 마실까?　　　　　052
7. 바닷물고기의 몸에는 소금기가 배어 있을까?　　059
8. 우리 집 개는 빨간 공을 좋아할까, 노란 공을 좋아할까?　065
9. 빈대가 출몰하는 숙소 감별법은?　　　　　　　072
10. 미래의 바퀴벌레, 대체 어떤 놈들이 살아남을까?　077
11. 땅콩은 왜 땅(속)콩이 되었을까?　　　　　　　081
12. 광합성 없이 살아가는 이 식물의 사연 좀 들어보세요　086
13. 몸무게 7톤 코끼리의 발 건강, 괜찮을까?　　　091

2장 인간, 가장 흥미로운 존재

우리 자신을 둘러싼 과학적 실험과 논쟁들

1. 왜 10명 중 9명은 오른손잡이일까?　　　　　　101
2. 코는 하나인데 콧구멍은 왜 두개?　　　　　　　110
3. K놀이는 어떻게 두뇌와 몸을 동시에 단련할까?　117
4. 모기는 왜 나만 물까?　　　　　　　　　　　　122
5. 뱀장어부터 먹장어까지, 장어 종류는 왜 이렇게 많을까?　128

6. 중량이냐 횟수냐, 근육을 키울 때 더 중요한 것은?   135
7. 감자냐 고구마냐, 구황작물 최강자는?   139
8. 인간은 왜 뱀을 혐오할까?   145
9. 물도 중독이 된다고?   150
10. 인간의 출산은 왜 이렇게 고통스러울까?   155
11. 인간은 죽지 않는 홍해파리의 꿈을 꾸는가?   161
12. 일란성 쌍둥이의 지문은 똑같을까?   167

3장 상상과 현실 사이, 선을 넘는 과학
미켈란젤로부터 피카츄까지, 생물학의 눈으로 보다

1. 시스티나 성당에서 미켈란젤로 코드를 찾아라   173
2. 피노키오는 어떻게 고래 뱃속에서 살아남았을까?   181
3. 피카츄의 생체 배터리 시스템은 어떻게 작동할까?   187
4. 영화 「혹성탈출」의 현실화 가능성은?   194
5. 호랑이는 죽어서 가죽을 남긴다, 그런데 곰팡이도 가죽을 남긴다면?   200
6. 루돌프, 우리의 마음을 지켜주는 과학을 이야기하자   210
7. 에일리언과 가장 가까운 지구 생물은?   216
8. 드래곤은 어떻게 불을 뿜을까?   222

이미지 출처   228

1장 | 모든 생명은 경이롭다
자연이 던지는 무한한 질문들

1. 파랑새, 정말 존재할까?

파랑새는 행복의 상징으로 널리 알려져 있습니다. 파랑새가 행복 또는 희망의 동의어로 쓰이게 된 데는 벨기에 극작가 모리스 마테를링크(Maurice Maeterlinck)가 1906년에 쓴 희곡 「파랑새」가 큰 역할을 했을 겁니다. 줄거리를 간단히 말하자면, 크리스마스 이브 밤, 창밖으로 보이는 부잣집 풍경을 부러워하던 가난한 집 오누이 틸틸과 미틸이 파랑새를 찾으러 떠납니다. 하지만 온갖 어려움만 겪고 파랑새는 찾지 못한 채 힘없이 집으로 돌아왔는데, 알고 보니 자신들의 새장 안에 있던 새가 바로 그 파랑새였음을 깨닫게 되죠. 그리고 이렇게 말해요. "우리가 찾고 있던 게 바로 이거야. 먼 데까지 찾으러 갔었는데, 이렇게 가까이 있다니!"

행복은 미치지 않는 먼 곳에 있는 것이 아니라 바로 우리 가까이에 있다, 정말로 행복이 없어서가 아니라 우리 안에 그것을 찾아내려는 마음이 없기 때문임을 깨우치게 하는 이야기죠. 여기서 감성 파괴자 소리를 들을 각오로 말하자면, 파랑새는 없습니다. 파란 색소를 만드는 그런 새는 없다는 말입니다. 빨간 색소를 만드는 동물은 있습니다. 홍학이 그 예죠. 홍학의 먹이는 주로 붉은색을 띠는 새우 같은 생물이고, 거기엔 카로티노이드(carotenoid)라는 붉은 계열 색소가 들어 있습니다. 그런 먹이에서 들어온 색소 때문에 홍합이 붉은빛을 띠거든요.

그런데 파랑새를 비롯한 척추동물들의 파란색은 색소가 아니라 구조색(structural color)입니다. 쉽게 말하면 물리적인 현상이에요. 빛의 굴절률과 표면에서 어떻게 반사되고 산란되느냐에 따라 색이 파랗게 보일 뿐이죠. 바닷물을 떠올려보세요. 원래 물도 파란색은 아니잖아요? 빛의 굴절과 산란이라는 물리적 현상으로 인해 그렇게 보이는 것이죠. 그와 똑같은 원리로 척추동물은 구조색으로 파란색을 만드는 겁니다. 요즘 반려동물로도 인기를 끌고 있다는 멕시코잎개구리를 예로 들어볼게요. 이 개구리 빛깔이 구조색이거든요. 멕시코잎개구리의 피부는 세개의 층으로 이루어집니다. 지구에 도달하는 햇빛은 가시광선이 주를 이루는 스펙트럼인데요, 이 개구리 피부의 각 층에는 저마다 다른 색을 거르는 필터 역할을 하는 색소 세포가 있습니다.

멕시코잎개구리 이름처럼 멕시코 전역에 서식하며 넓적한 잎을 닮은 모습으로 눈길을 끕니다. 숲속에서 몸을 위장하기에 아주 좋죠.

맨 앞에 있는 색소 세포인 황색 소포는 햇빛 스펙트럼 중 가장 짧은 파장들을 걸러냅니다. 다음 층의 홍색 소포는 들어온 빛의 일부를 산란시키는데, 특히 파란색 계열의 파장이 반사되어버립니다. 이제 남은 붉은색 계열은 맨 아래층의 흑색 소포에서 흡수됩니다. 홍색 소포에서 반사된 파란빛은 굴절돼 다시 맨 앞의 황색 소포 필터를 통과해 나오는데, 이렇게 파란색과 노란색이 만나면 무슨 빛이 되죠? 우리 눈에 보이는 건 주로 초록색 계열의 빛이죠. 그래서 개구리가 대부분 초록색으로 보이는 겁니다. 멕시코잎개구리의 몸 색깔은 필터 역할을 하는 색소 세포층의 기능이 조금 달라진 결과라 할 수 있지요. 이처럼 색소세포는 각기 다른 색소와 배치를 통해 빛을 선택적으로 반사·산란·흡수하면서 특정 색이 나타나도록 만듭니다.

몸 색깔 변화라면 카멜레온을 빼놓을 수 없습니다. 카멜레온의 변신 원리도 멕시코잎개구리와 기본적으로 같습니다. 카멜레온 피부에는 필터 역할을 하는 세포층이 두개 있는데, 안정감과 긴장감이 각각 근육 움직임을 다르게 유도해 구조색을 나타냅니다. 카멜레온이 편하게 있을 때는 주로 초록색을 띠다가 긴장하면 근육의 구조가 변하면서 몸 색깔도 달라지죠. 사실 자연에서 파란색은 굉장히 드물고 귀한데, 이렇게 물리적 원리를 이해하면 간단한 결과이기도 합니다. 어떻게 빛이 반사되고 굴절되고 산란되느냐에 따라 달라지는, 허상에 가까운 색깔이기도 하고요.

그래서일까요? 예술가들에게 파란색은 아주 흥미로운 세계였습니다. 재즈에는 블루노트(blue note)라는 독특한 음계가 있죠. 3음, 5음, 7음을 반음 내려서 정상 음계에서 벗어난 불협화음의 음계인데요, 우울하고 애상적인 음색으로 사랑받고 있어요. 영어로 blue는 '우울한'이라는 뜻도 갖고 있는데, 백인에게 차별당하던 흑인들이 재즈음악으로 아픔과 상처를 치유하려 했던 역사가 남아 있는 거죠. 뉴욕의 유명한 재즈 클럽 이름도 '블루노트(Blue Note)'랍니다. 미술에서 역시 파란색은 일반적으로 우울하고 고독한 심상을 표현하는 대표색으로 쓰였습니다. 대표적인 예로 파블로 피카소(Pablo Picasso)가 1901년에서 1904년 사이에 그린 작품들이 있습니다. 이 시기의 작품들은 차갑고 우울한 청색을 주조로 비관주의와 절망을 담아내고 있어 피카소의 '청색시대' 작품들이라 부르기도 하죠.

한편 파란색은 무한한 공간감, 또는 공허감을 표현하기도 합니다. 이브 클랭(Yves Klein)이라는 작가는 인터내셔널 클랭 블루(IKB)라는 염료를 만들어서 특허를 냈어요. 그리고 이 색으로만 작업의 개념을 설명하고 표현했답니다. 감각에 밝은 예술가들이 파란색에 받은 인상을 과학적으로는 이렇게 설명할 수도 있겠습니다. 파란색은 단파이고 에너지량이 많거든요. 예술가들은 그런 파란빛에서 자연의 무한함을 넘어 신비한 아름다움과 경외감을 느끼는 동시에 왜소한 인간 존재의 우울감을 강렬하게 느끼는 게 아닐까 싶습니다.

참, 요즘 미술가들은 색깔을 색소나 염료로만 다루지 않습니다. 멕시코잎개구리처럼 빛의 굴절과 반사 원리로 색을 개발하고 표현하기도 합니다. 인도계 영국 미술가 아니시 카푸어(Anish Kapoor)가 독점하고 있는 반타블랙(Vantablack)이라는 색이 있습니다. 서리나노시스템즈(Surrey Nano Systems)라는 영국 기업에서 개발한 색상인데, 놀랍게도 나노 기술로 개발된 물질입니

반타블랙 탄소나노튜브가 바늘로 이루어진 숲처럼 빽빽하게 수직으로 서 있는 구조입니다. 실제로 보면 입체감이 완전히 무너진 듯 보여 아주 강렬하고 공허한 느낌을 줍니다.

다. 미세한 탄소나노튜브들로 이루어진 이 물질에 빛을 비추면 튜브와 튜브 사이로 수없이 빛이 반사되고 들어가는 과정을 거치는데, 결국 이 연속된 과정에서 바깥으로 나오는 빛은 거의 없게 돼요. 결국 반타블랙의 검은색 가시광선 흡수율은 99.965퍼센트에 이르게 되죠. 새까만 심연처럼 보일 수밖에 없는 거예요. 아니시 카푸어는 이 색의 독점권을 사서 조각에 바른 뒤 기존 조각이 가진 특유의 입체성을 소멸시키고자 했습니다. 그래서 이 작가의 반타블랙 연작을 보면 입체인지, 평면인지 헷갈리는 기이한 경험을 하게 된답니다.

 이렇게 색이라는 것을 과학과 생활, 예술이라는 서로 다른 관점으로 바라보면 매번 새로운 세계가 펼쳐지는 것 같아요. 빛 아래에서 전복 껍데기를 들어 난반사를 일으키면 무지개가 나타났다가 사라지는 것처럼요. 한걸음 더 나아가 생각해보면, 세상을 바라보는 인류의 관점이나 이해도 그렇지 않나요? 서로의 생각을 굴절시키기도 하고, 흡수하기도 하고, 산란하기도 하면서 우리 모두 계속해서 새로운 세계로 나아가고 있으니까요.

Q. 파랑새는 정말로 존재하지 않는가?

응, 토론하자!

입장1 파랑새는 존재하지 않는다!
- 생물학적으로 '파란색' 색소를 가진 새는 없다.
- 우리가 보는 파란색은 구조색(빛의 산란과 반사에 의한 착시 효과)일 뿐이다.
- 색소 없이 만들어진 색을 '진짜 색'이라고 부를 수 있을까?

입장2 파랑새는 존재한다!
- 구조색이라 해도 우리가 인식하는 색이 곧 '존재하는 색'이다.
- 구조색을 이유로 파랑새를 부정한다면, 바닷물의 파란색도 부정해야 하는가?
- 생물학적 원리와 상관없이 사람들이 파랑새를 파란색으로 본다면 그것이 실재하는 색 아닌가?

당신의 생각은?
- ☑ '진짜 색'이란 무엇일까? 색소가 없으면 그 색은 존재하지 않는 걸까?
- ☑ 만약 인간이 다른 방식으로 색을 인식했다면, '파랑새'라는 개념 자체가 존재하지 않았을까?
- ☑ 색이 실재하지 않는다면, 세상의 색은 어디까지가 진짜일까?

2. 인간과 고래가 대화할 수 있을까?

1977년, 인류는 한장의 LP 음반을 우주로 보냈습니다. 음반의 이름은 "지구의 소리"(The Sounds of Earth)였습니다. 이 음반에는 바흐와 베토벤의 음악, 인류의 환영 인삿말, 빗소리나 천둥번개 소리 등 지구의 소리, 그리고 뜻밖의 소리 하나가 담겨 있었습니다. 바로 혹등고래의 노랫소리였습니다. 인류는 지구 밖의 지적 생명체에게 우리의 문화를 전하기 위해 고래의 노래를 선택한 겁니다. 외계 생명체가 수중에서 살아갈 가능성도 고려해 지구에서 살아가는 수중생물의 노래를 실었다죠. 같은 수중생물이라면 뭔가 통하는 게 있을 거라고 생각했을 거예요. 하지만 정작 우리는 고래의 언어를 이해하고 있을까요?

우주로 고래의 노래를 실어 보낸 뒤 반세기가 지난 지금, 과학자들은 혹등고래와 '대화'를 시도하고 있습니다. 그리고 2023년 11월, 인류는 마침내 바다의 거대한 가수와 실제로 소통하는 데 성공했습니다. 미국 캘리포니아대학교 데이비스캠퍼스(UC Davis)의 브렌다 맥코완(Brenda McCowan) 박사와 외계지적생명체 탐색계획 연구소(SETI), 알래스카고래재단(Alaska Whale Foundation)의 공동 연구진이 인류 최초로 혹등고래와 대화를 주고받았다는 연구 결과가 발표되었거든요. 사전 녹음된 혹등고래 소리를 들려주자, 암컷 고래 한마리가 마치 대화하듯 반응하며 연구진이 탄 배를 따라다녔습니다. 연구진은 이 고래에게 '트웨인'(Twain)이라는 이름을 붙였습니다. 트웨인은 연구진이 내는 소리에 맞춰 응답했고, 배가 이동하면 일정한 거리를 두고 따라왔습니다. 바닷속에서 울려 퍼지는 낮고 깊은 노랫소리는 마치 고래가 인간에게 말을 걸고 있는 듯한 착각을 불러일으켰습니다. 그 순간, 연구진은 고래가 단순히 반응하고 있는 게 아니라 의도를 가진 채 소통하고 있다고 확신했습니다. 과연 고래들은 인류와 어떤 대화를 나누고 싶었던 걸까요?

과학자들은 고래의 소리가 단순한 의사소통 수단을 넘어선 언어일지도 모른다고 말합니다. 이는 1988년 북극의 얼어붙은 바다에서 벌어진 한 사건과도 연결됩니다. 그해 10월, 북극의 이누이트 사냥꾼들은 고래 사냥을 나섰다가 예상치 못한 광경을 목격

했습니다. 혹한 속에 얼어붙은 바다 위 작은 얼음 구멍 하나에 기대어 회색고래 세마리가 번갈아가며 간신히 숨을 쉬고 있었던 겁니다.

고래는 물에 살지만 물속에서는 숨을 쉬지 못합니다. 허파로 호흡하는 포유류이기 때문이죠. 산소를 얻으려면 물 밖으로 나와서 공기를 들이마셔야 합니다. 고래는 코 대신에 머리 위에 있는 숨구멍인 '분수공'을 열어서 숨을 쉽니다. 고래가 호흡할 때 이 구멍에서 나오는 공기와 물방울이 마치 분수처럼 보이기 때문에 사람들이 떠올리는 대표적인 고래 이미지가 됐죠. 그런데 물속에 들어가면 고래는 당연히 숨구멍을 닫습니다. 한마디로 사람처럼 숨을 참고 잠수하는 거죠. 안타깝게도 이누이트들이 발견한 회색고래들은 북극에 머물러 있다가 따뜻한 남쪽으로 이동할 시기를 놓쳐 점점 얼어붙는 바다에 갇혀버린 상태였습니다. 회색고래는 두꺼운 얼음을 깰 능력이 없기에 얼음이 꽁꽁 얼면 익사할 운명이었죠.

이누이트 사냥꾼들은 즉시 고래 구조대가 되기로 결심하고, 마을 사람들과 함께 얼음 구멍을 넓히기 시작했습니다. 이렇게 고래가 숨을 쉴 수 있는 공간을 확보해주려 했지만 근본적인 해결책이 아니었습니다. 고래를 살리려면 8킬로미터 떨어진, 얼음이 덮이지 않은 바다로 유도해야 했거든요. 이 구조대의 소식은 전세계로 퍼졌고, 냉전시대였음에도 미국과 소련(오늘날의 러시아)이 연합해 고래 구조에 나섰습니다. 이 구조 작전의 이름은 '작전명 돌파구'(Operation Breakthrough)였습니다. 적대관계였던 두 강대국이 고래를 살리기 위해 힘을 합친 역사적 사건이었죠.

이 구조 작전의 핵심은 고래의 소리였습니다. 우선 구조대는 고래가 숨을 쉬며 이동할 수 있도록 일정한 간격으로 얼음 구멍을 뚫었습니다. 그리고 미리 녹음한 고래 소리를 들려주어 고래들이 구멍을 따라 이동하도록 유도했습니다. 그 결과 회색고래들은 무사히 얼음이 없는 열린 바다로 나아갈 수 있었습니다.

이런 일이 어떻게 가능했냐고요? 고래는 지능이 워낙 뛰어나기에 다양한 소리로 소통합니다. 고도로 발달한 소리 체계를 활용해 생존 활동을 수행하죠. 인간의 언어가 나라나 민족마다 다르듯이 고래 또한 종마다 다른 소리를 내는데요, 이를 테면 돌고래는 휘파람 소리, 향유고래는 딸각대는 클릭음을 냅니다. 이 소리는 단순한 신호를 넘어서 집단 의사결정을 내리는 데 활용됩니다.

1967년, 해양생물학자 로저 페인(Roger Payne)은 우연히 혹등고래의 소리를 듣고, 그들이 노래를 부른다는 사실을 밝혀냈습니다. 1970년에는 이 노래를 담은 LP 음반 「혹등고래의 노래」(Songs of the Humpback Whale)가 발매되었고, 전세계적으로 고래 보호 운동이 확산되었습니다.

 그로부터 반세기가 지난 2020년, 본격적인 연구 프로젝트 '세티'(CETI)가 출범했습니다. 과학자들은 드론과 수중 음향 센서, 인공지능을 활용해 고래의 소리를 분석하며 언어 구조를 연구했습니다. 그리고 2024년, 학술지 『네이처 커뮤니케이션스』(*Nature Communications*)에 발표된 연구에 따르면, 향유고래는 마치 모스 부호처럼 클릭수를 조합하여 의미를 전달한다는 사실이 밝혀졌죠. '코다'(coda)라고 불리는 이 소리 조합은 현재까지 150여 가지가 확인되었으며, 그중 21가지가 카리브 해역의 향유고래들에게서 발견되었습니다. 더 나아가 향유고래는 리듬과 템포, 장

식음을 추가해 감정을 표현하는 것처럼 보였습니다. 이는 음악적 요소, 비언어적 요소를 두루 활용하는 인간의 복합적 소통 방식과도 매우 닮아 있습니다.

만약 고래와 대화가 가능하다면 어떤 이야기를 나누고 싶나요? 인간이 바다를 오염시키고 그들의 삶을 위협한 것에 대해 먼저 미안함을 전해야 하지 않을까요. 과연 그들은 바닷속에서 무엇을 보고 듣는지, 그들의 세상은 어떠하며 인간과는 또 어떻게 다른 감정을 느끼는지 궁금하지 않나요? 어쩌면 고래들은 인간보다 더 깊이, 더 오래 이 세계를 바라보며 전혀 다른 방식으로 세상을 이해하고 있을지도 모릅니다. 언젠가 인간이 바다의 거대한 생명체와 진정한 대화를 나누는 날이 온다면 우리는 그에게서 어떤 깨달음을 얻게 될까요?

3. 100퍼센트 암컷으로 태어나는 드렁허리의 생존 전략은?

 개울가에서 물살을 가르며 유려하게 헤엄치는 드렁허리를 본 적 있나요? 겉모습은 뱀장어와 비슷하지만, 분류학적으로는 전혀 다른 존재랍니다. 뱀장어는 뱀장어목 뱀장어과인데, 드렁허리는 드렁허리목 드렁허리과거든요. 드렁허리는 논과 도랑, 하천의 잔잔한 물가에 머무는 토종 어류입니다. 미꾸라지보다 몸집이 두세배쯤 커서 30~60센티미터에 이르고 더 유연한 움직임을 보이죠. 어류 대부분이 지닌 지느러미는 꼬리 부분에만 약간 남아 있습니다. 그래서 수심이 얕고 점성이 높은 논바닥 같은 환경에서도 꾸불꾸불 기어다니며 헤엄칠 수 있죠. 힘이 얼마나 좋은지 논물이 다 빠질 정도로 논두렁을 헐어버리기 일쑤여서 농부의 근심거리가 되었다는 옛 기록도 남아 있답니다. 그래서 이름이 '드렁허리'가 되었다는 설도 있고요.

지역에 따라 거시랭이, 바라지, 패기 또는 웅어(熊魚)라고 불리는 드렁허리는 낮에는 진흙 속이나 돌 틈에서 숨어 지냅니다. 그러다 밤이 되어 어둠이 내리면 물길을 누비며 활발히 활동하죠. 작은 물고기와 물벌레, 개구리 따위를 잡아먹으면서요. 또 비가 오는 날이면 논둑을 타고 이동합니다. 물이 있는 곳이라면 어디든 스며들 수 있는 이 물고기는 옛사람들에게 '물의 방랑자'라고 불릴 만큼 자유롭고도 신비로운 존재였습니다. 그래서인지 삼국시대부터 약재로 쓰이기도 했답니다. 신라인들이 외국에서 온 사신에게 서라벌(오늘날의 경주)에서 잡은 드렁허리를 약재로 선물했다는 이야기도 전해집니다.

드렁허리는 알면 알수록 흥미로운 물고기예요. 호흡법도 남다르죠. 물속 드렁허리는 여느 어류와 마찬가지로 아가미로 호흡합니다. 물속 산소를 흡수하고 이산화탄소를 배출해야 하니까요. 그리고 생김새가 비슷한 뱀장어들처럼 피부로도 호흡할 수 있답니다. 이들이 논과 하천, 도랑을 오가며 작은 물길을 큰 흐름으로 잇는 존재가 될 수 있었던 비결이죠.

그런데 정말 놀라운 점은 창자로도 호흡을 한다는 것입니다. 물 밖에서도 생존할 수 있는 특별한 능력이죠. 물이 말라 산소가 부족해지면 몸을 수직으로 세워 물 밖으로 머리를 내민답니다.

이때 창자로 산소를 흡수해 숨을 쉬는 거예요. 드렁허리의 창자는 소화기관이면서도 육지 동물의 허파 역할을 하는 셈이죠. 이런 호흡법 덕분에 드렁허리는 산소가 부족한 곳에서도 잘 버틸 수가 있습니다.

앞서 언급했듯이 드렁허리는 우리나라 전역에 분포하는 토종 민물고기지만 도시화가 진행되고 농약 사용이 많아지면서 한동안 그 모습을 찾아보기가 어려웠습니다. 논둑을 무너뜨리는 습성 때문에 모내기철을 앞두고는 드렁허리 방지막을 설치하기도 했고요. 그러나 최근에는 농약을 쓰지 않는 친환경 농법이 많이 보급되면서 다시 볼 수 있게 됐다고 해요.

그런데 최근 드렁허리가 미국 플로리다주 남부의 열대 습지인 에버글레이즈(Everglades)를 위협한다는 소식을 접했습니다. 2023년 『종합환경과학』(Science of The Total Environment)이라는 학술지에 발표된 논문에 따르면 에버글레이즈의 포식 어종 중에서 드렁허리가 가장 지배적인 종으로 자리 잡았다고 합니다. 그 결과 같은 곳에 사는 토착 갑각류인 푸른가재는 지난 8년 동안 개체수 밀도가 무려 99.4퍼센트 격감했습니다. 열대송사릿과의 작은 물고기인 아메리칸플래그피시도 99.1퍼센트 감소하며 이 두 종은 거의 절멸 위기에 직면하게 되었어요. 어떻게 이런 일이 벌어졌을까요?

연구진의 추측에 따르면 이들 피해 생물은 계절에 따른 물 높이의 변화를 잘 이용해서 원래 있던 포식자들을 피해 수심이 얕은 곳에 머물며 살아남을 수 있었다고 합니다. 그런데 새로운 포식자 드렁허리에게는 이런 전략이 속수무책이었을 것으로 추정합니다. 푸른가재는 건기에 습지 표면이 마르면 바닥으로 파고 들어서 알을 낳습니다. 그리고 물이 늘어나는 시기가 도래하면 그때 부화해서 포식자가 없을 때 재빨리 성장하죠. 그런데 드렁허리한테는 이런 생존 전략이 먹히지 않았던 거예요. 드렁허리는 아가미, 피부, 창자를 모두 활용할 수 있는 호흡의 달인이잖아요. 그래서 수위 변화에도 영향받지 않는 치명적인 포식자가 된 것이죠.

드렁허리가 특별한 이유는 또 있습니다. 태어날 때는 모두 암컷이지만, 시간이 지나면서 수컷으로 성전환을 합니다. 생후 3년 정도가 지나면 암컷과 수컷의 생식기관을 모두 지닌 자웅동체로 변하고, 1년 후에는 대부분 수컷으로 바뀌게 됩니다.

이러한 변이는 생존을 위한 필연적 진화의 결과일까요? 드렁허리는 부성애가 강하기로 유명합니다. 산란기인 6월에서 7월이 되면 암컷이 진흙을 파고 들어가 한번에 약 200개에서 1천개의 알을 낳습니다. 이후 수컷이 되어 암컷이 낳은 알을 정성스럽게 보호합니다.

도대체 드렁허리는 어떻게 성전환이 가능할까요? 그 원리를

 살펴보기 전에, 우선 남성호르몬 테스토스테론(testosterone)과 여성호르몬 에스트로겐(estrogen)의 구조를 한번 비교해보겠습니다.

 두 호르몬의 구조가 상당히 비슷하죠. 큰 틀에서 골격은 같습니다. 왼쪽 아래 육각형 부분에 약간의 차이가 있지만 이 부분을 빼놓고는 거의 비슷합니다. 조금만 구조를 바꾸면 성전환이 될 수도 있다는 얘기죠. 널리 알려져 있듯이 인체에서 테스토스테론과 에스트로겐은 남성과 여성의 특징을 만드는 중요한 호르몬입니다. 남자와 여자 모두 두 호르몬을 가지고 있는데 각각 그 양과 비율이 다릅니다. 남성의 몸에는 테스토스테론이 훨씬 많고 에스

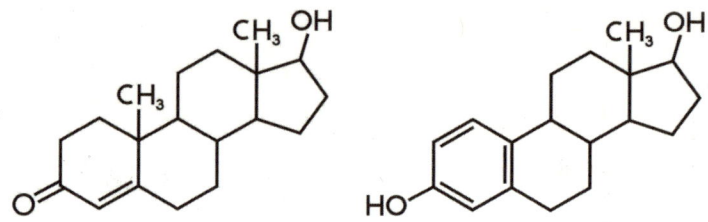

구조가 비슷한 두 호르몬 왼쪽이 테스토스테론, 오른쪽이 에스트로겐입니다. 탄소 개수, 붙어 있는 화학기에 차이가 있지만 둘 다 스테로이드 호르몬으로 기본 구조는 비슷합니다.

트로겐이 적은데 여성의 경우는 그 반대죠. 이런 호르몬의 비율 차이는 태아일 때부터 우리 몸에 영향을 주기 시작하여 사춘기에 다다르면 외적으로 아주 뚜렷한 생물학적 남성성과 여성성으로 발현됩니다.

드렁허리도 성호르몬 비율을 조절합니다. 암컷일 때는 여성호르몬이 훨씬 많고 성전환이 시작되면 남성호르몬이 많아집니다. 그런데 이때 아주 중요한 효소 하나가 관여합니다. 그 효소의 이름은 17베타 하이드록시스테로이드 탈수소효소(17β-HSD)예요. 이 효소가 생물학적으로 호르몬의 활성 상태와 비활성 상태를 전환하는 과정에서 작용하는 촉매입니다. 드렁허리에게 이 효소가 발동하면 남성호르몬이 활성화되어 정소가 발달하고 수컷의 생식기가 형성되는 반면 암컷의 생식기인 난소는 퇴화합니다.

에버글레이즈 드렁허리 연구진은 드렁허리로 인해 먹이사슬의 최하위 단계를 차지하는 중요한 동물들인 가재와 작은 물고기들이 사라진다면 에버글레이즈 생태계 복원에 빨간불이 켜진다고 말했습니다. 예를 들어서 이 습지에 살고 있는 미국흰따오기에게는 먹이로 번식기의 가재가 꼭 필요합니다. 그런데 이를 제대로 섭취하지 못하면 번식에 문제가 생깁니다. 이렇게 생태계에 혼란이 생긴다는 점이 드렁허리의 폭발적인 확산을 막아야 할 이유가 되었죠.

에버글레이즈에서 드렁허리가 처음 발견된 것은 2009년이었는데요. 150킬로미터에 달하는 물줄기의 조사 지점 어디서나 드렁허리가 발견되었다고 합니다. 미국 지질조사국(USGS) 자료에 따르면 드렁허리가 수족관에서 방출되었거나 수산시장에서 유출되어 미국 자연 생태계로 유입되었으리라 추측하고 있습니다. 요즘도 드렁허리 포획과 제거 그리고 생물학적 제어를 위한 연구가 진행 중이지만 여전히 개체수를 조절하기 쉽지 않은 상황입니다.

이렇게 보면 드렁허리는 특유의 생존 전략과 적응력을 발휘해 어떤 환경에서도 살아남을 수 있는 생태계의 생존왕인 것 같습니다. 에버글레이즈의 경우처럼 침입종이 되면 지역 생태계를 위협하는 큰 문제를 일으키기도 합니다. 하지만 우리나라에서 드렁허리는 보존 노력을 기울여야 할 생물들을 정리한 국가적색목록에 관심대상(LC, Least Concern)으로 올라 있답니다. 또한 세계

자연보전연맹(IUCN) 적색목록에도 관심대상으로 등록되어 있습니다. 이때 관심대상이란 현재로서는 큰 걱정이 없는 생물종을 뜻합니다. 멸종 위험이 당장은 크지 않다는 뜻이지만 안전하다는 말은 아닙니다. 우리가 관심을 거두는 순간, 환경 변화나 서식지 파괴로 언제든 더 높은 위기 단계로 옮겨갈 수 있기 때문입니다.

자연의 일부로서 오랜 시간 강과 들판을 흘러다니며 살아온 드렁허리. 나름의 생존 전략을 발전시키며 생태계에 자리 잡았으나 때론 보호종이, 때론 침입종이 되기도 하는 이 복잡한 생명체와 우리는 어떻게 공존해나갈 수 있을까요?

4. 미역의 충격 고백: 나는 익물이 아니야!

지구온난화 시대에 우리 한국인은 자신도 모르는 새 이산화탄소 감축에 기여하고 있을지도 모릅니다. 왜냐고요? 우리는 이산화탄소를 저장하는 미역이나 김, 파래 같은 다양한 해조류를 아주 맛있게 먹고 있기 때문입니다. 이런 해조류는 바닷속에서 자라며 이산화탄소를 흡수하고 유기물로 바꾸는, 이른바 '블루카본'(blue carbon) 식물입니다. 물론 우리가 미역을 먹는다고 해서 그 탄소가 그대로 저장되는 건 아니지만, 해조류 양식과 소비가 비교적 탄소발자국이 낮은 식문화라는 점은 분명합니다.

해조류 중에서도 우리나라 사람들은 미역을 참 잘 먹고 좋아합니다. 맛도 좋고 몸에도 좋으니까요. 출산 후 미역국을 먹는 전통까지 생겨났을 정도입니다. 사실 한국은 세계에서 미역을 가장 많이 먹는 나라이기도 합니다.

그런데 혹시 미역이 미생물이라고 하면 믿으시겠습니까? 엄밀히 말하면 '해조', 순우리말로 '바닷말'의 일종이지요. 많은 분이 "무슨 소리냐, 미역은 식물이지! 해초인데?"라고 반문하실 것 같습니다. 그럼 이제, 해초와 해조를 한번 구분해볼까요?

해초와 해조는 엄연히 다른 생물입니다. 해초(海草)는 말 그대로 바다에 사는 풀, 즉 식물이지요. 반면 해조(海藻)는 식물이 아닙니다. 여기서 잠깐 재미있는 한자 공부를 해볼까요? 해조의 '조'에 해당하는 한자인 바닷말 조(藻)는 획수가 많아 언뜻 보면 복잡해 보입니다. 하지만 입(品)을 벌리고 나무(木) 위에서 지저귀는 새들이 물(氵)에 떠 있는 풀(艹)을 먹는다고 생각하면 나름대로 쉽게 익힐 수 있죠. 해조를 해초와 같다고 생각하기 쉬운데, 이 둘은 분류학적으로 아주 다른 생물입니다. 해초는 엄연한 식물이지만, 바다에 떠다니는 해조는 그렇지 않거든요.

사실 미역은 해조류입니다. 해조류는 전통적으로 원시 또는 하등 식물로 분류되고, 뿌리와 줄기, 잎이 체계적으로 분화하지 않습니다. 반면 식물은 셋의 구분이 명확하죠. 혹시 "어, 미역은 줄기가 있는데요? 미역줄기 볶아서 맛있게 먹잖아요!"라고 생각하고 계신다면 다음 사진을 한번 봅시다.

이것이 온전한 물미역인데요. 잎사귀처럼 흐느적거리는 부분

미역의 구조 뿌리와 줄기, 잎의 구분이 뚜렷하지 않고 전체가 대부분 엽상체라는 단순한 구조로 이루어진 해조류입니다.

이 있지요? 생물학적으로 '엽상체'라고 부르는 부위입니다. 이것을 잎으로 볼 수도 있는데, 광합성 세포들이 들러붙은 단순한 구조일 뿐 양분이나 물을 운반하는 관다발이 없습니다. 가운데에는 약간 단단해 보이는 부분이 있는데, 이를 '줄기부'라고 합니다. 우리가 흔히 '미역줄기'라고 부르는 부분이죠. 그런데 이 부분은 식물의 줄기처럼 지지 작용은 하지 못합니다. 미역을 위로 서게 하는 건 사실 물의 부력이거든요. 그 아래 둥그스름한 부분은 보통 '미역귀'라고 해서 구워 먹기도 하는데요, 사실 이것은 미역이 포자를 만들어 번식하는 '포자엽'이라는 기관입니다. 줄기부

맨끝에 뿌리처럼 보이는 부분이 있지만, 사실 뿌리가 아니라 돌에 붙어 있도록 도와주는 '부착기'입니다. 이렇게 한몸인 미역은 식물처럼 기능이 분화된 것이 아니라, 그냥 세포들이 모여서 광합성을 합니다. 비록 거대한 몸집을 지녔지만, 식물이라기보다는 오히려 미생물의 세계에 더 가까운 존재라 할 수 있습니다.

해조류에는 미역뿐 아니라 다양한 종류가 있습니다. 바다에는 파장에 따라 빛이 들어가는 깊이가 다릅니다. 짧은 파장의 푸른빛은 깊이 들어가고, 긴 파장의 붉은빛은 얕은 곳에서 흡수됩니다. 따라서 얕은 곳에서는 붉은빛을 흡수하는 녹조류가 살고, 그보다 깊은 곳에는 갈조류, 가장 깊은 곳에는 홍조류가 서식합니다. 녹조류에는 파래, 매생이가 있고, 갈조류에는 미역과 다시마, 홍조류에는 김과 우뭇가사리가 있습니다.

이렇게 나열해보니 해조류는 전부 건강식품이네요. 이 해조류는 우리에게 여러 가지 유용한 물질도 제공합니다. 미역 같은 갈조류의 세포벽에서 추출한 알긴(algin)은 식품첨가제로 사용되어 잼이나 마요네즈, 아이스크림 같은 식품의 점도를 높이고 부드러운 식감을 더해줍니다. 또한 보습 효과도 뛰어나 피부관리 제품 성분으로 들어가기도 하죠. 홍조류에 속하는 우뭇가사리는 미생물을 키워가며 연구하는 저 같은 과학자들에게는 아주 소중한 존재랍니다. 왜냐하면 이 해조류에서 얻는 '우무(한천)'라는 물질

덕분이지요. 우무는 탄수화물의 일종으로 독특한 성질을 가지고 있습니다. 우무 가루를 물에 넣고 펄펄 끓이면 녹으면서 끈끈하고 투명한 풀처럼 변합니다. 그런데 이 용액을 섭씨 40도 정도까지 식히면 금세 묵처럼 단단히 굳어버립니다. 한번 굳은 우무는 거의 100도에 이르기 전까지는 고체 상태를 그대로 유지하지요. 덕분에 우무로 고체 배지를 만들면 온도의 영향을 크게 받지 않고 미생물을 배양할 수 있습니다. 또 하나 중요한 점은, 우무를 분해할 수 있는 미생물이 극히 드물다는 사실입니다. 미생물은 천연물질이라면 무엇이든 잘 분해해 먹거리로 삼지만, 유독 우무는 예외지요. 만약 미생물이 우무를 마구 먹어치운다면 배양하면 할수록 고체 배지가 점점 사라져버릴 겁니다. 미생물은 우무를 싫어하지만, 저 같은 연구자는 우무를 사랑합니다.

조류는 크기에 따라 크게 두 부류로 나눌 수 있습니다. 눈에 보일 만큼 크게 자라는 대형조류와 현미경으로만 볼 수 있는 미세조류입니다. 우리가 흔히 해조류라 부르는 것은 전자에 속하고, 후자는 식물성 플랑크톤이라는 이름으로 더 잘 알려져 있죠. 이들은 모두 광합성을 통해 이산화탄소를 소비하며, 지구가 숨 쉬는 데 필요한 산소의 절반을 공급합니다. 대형조류가 무성하게 자라 이루는 바다숲은 수많은 생명의 보금자리가 됩니다. 물고기는 이곳에 알을 낳고, 갓 부화한 새끼는 그 속에서 몸을 숨기며 자라납니다. 한편 미세조류는 바다 먹이사슬의 출발점으로서 어린 물고기와 다양한 해양생물에게 중요한 먹이가 되어줍니다.

그러나 좋은 것도 너무 과하면 탈이 난다는 '과유불급(過猶不及)'이라는 말이 있듯이, 특정 미세조류가 짧은 시간에 폭발적으로 늘어나면 적조(赤潮)라는 심각한 문제가 발생합니다. 적조는 어민들에게 악몽과도 같습니다. 물고기들이 한꺼번에 떼죽음을 당하기 때문이지요. 일례로 2016년 남해에서는 적조로 인해 수백만마리의 어류가 폐사하는 사건이 벌어지기도 했습니다. 적조는 바다가 생명을 품은 요람이자, 동시에 얼마나 무시무시한 힘으로 변할 수 있는지를 보여주는 경고장인 셈입니다.

하지만 우리는 역발상의 사고를 가져야 합니다. 조류가 지나치게 많다면, 그것을 곤란한 골칫거리가 아니라 대체 에너지원으로 활용할 수도 있지 않을까요? 무엇보다 조류 재배에는 넓고 비옥한 땅이 필요하지 않습니다. 바닷물이나 호수 같은 자연수에 풍부한 햇빛만 있으면 충분하지요. 게다가 조류는 거의 매일 수확할 수 있습니다. 실제로 시험 운행 중인 일부 조류 생산 시설에서는 인근 발전소에서 배출되는 이산화탄소를 공급해 광합성을 촉진함으로써 성장을 더욱 빠르게 하고 있습니다. 생물연료의 원재료를 생산하는 동시에, 주요 온실가스인 이산화탄소 배출량까지 줄이는 일거양득 효과를 보는 셈입니다. 효율성 면에서도 놀랍습니다. 같은 면적을 기준으로 할 때 조류는 옥수수보다 약 40배나 더 많은 에너지를 생산합니다. 이는 조류가 무게의 20퍼센트 이상을 기름으로 축적할 정도로 그 함량이 높기 때문입니다. 여기서 추출한 기름은 바이오디젤로 가공되고, 남은 찌꺼기 역시 탄수화물과 단백질이 풍부해 바이오에탄올 생산이나 동물 사료로 활용할 수 있습니다. 아직은 기술적 한계와 경제적 장벽이 남아있지만, 조류가 언젠가는 인류의 미래를 밝힐 새로운 에너지원으로 자리 잡을 날을 충분히 기대해볼 만하지 않을까요?

생물권보전지역, 세계자연유산, 세계지질공원으로 선정되어 세계 유일의 유네스코(UNESCO) 자연과학 분야 3관왕에 오를 만큼 경관이 빼어나고 독특한 낭만의 섬, 제주에서의 일화를 하나 들려드릴게요. 한번은 바람이 많이 불고 난 뒤, 해변에 나가 보니 미역이 잔뜩 밀려와 있었습니다. 그때 함께 바닷가 올렛길을 산책하던 제주 토박이 지인의 말이 큰 울림을 주었습니다. "바다가 성을 낸 게 미안해서 파도가 집 앞 바닷가로 미역을 배달했다네. 늘 내주는 바다가 고맙지." 이렇게 생각을 전환하면 문제도 선물 같은 기회가 될 수 있습니다.

Q. 해조류, 새로운 에너지원이 될 수 있을까?

미역과 다시마에서 바이오디젤을 추출하는 연구가 진행 중이며, 해조류가 미래의 대체 에너지원으로 활용될 가능성이 제기되고 있습니다. 하지만 대량 수거의 어려움 등 현실적인 문제도 존재합니다.

당신의 생각은?
- 해조류 기반 에너지가 화석연료를 대체할 수 있을까?
- 해조류를 효과적으로 수거하고 활용하는 기술 개발에 대한 투자는 어떻게 가능할까?
- 해조류를 활용한 새로운 제품이나 산업으로는 어떤 것이 있을까?

5. 토끼와 거북은 아직도 경쟁하고 있을까?

어릴 적 누구나 한번쯤 들어봤을 '토끼와 거북' 이야기에는, 느릿느릿하지만 끝까지 포기하지 않는 거북이와, 방심한 끝에 경주에서 지고 마는 토끼가 등장합니다. 이 오래된 이야기는 우리에게 끈기의 가치를 일깨워주었지요. 하지만 오늘날 그 이야기 속 토끼와 거북은 더이상 경쟁자가 아닙니다. 산토끼는 우리 숲에서 자취를 감추고 있고, 바다거북은 지구 곳곳에서 생존을 위협받고 있습니다. 이제는 누가 이기느냐가 아니라, 함께 살아남을 수 있느냐가 더 중요한 질문이 되었습니다. 과연 이런 변화의 배경에는 무엇이 있을까요? 익숙했던 생명이 하나둘 사라지고 있는 지금, 토끼와 거북이 보내는 침묵의 신호 속에는 어떤 진실이 숨어 있을까요?

우리나라의 산토끼가 급격히 줄어들고 있다는 사실은 매우 우려스러운 일입니다. 2001년에는 1제곱킬로미터당 12.3마리가 살고 있던 산토끼의 개체수가 2021년에는 0.8마리로 줄어들게 되었어요. 한마리도 채 되지 않는 수치죠. 예전에는 흔히 볼 수 있었던 산토끼가 이제는 자취를 감추고 있는 겁니다. 일부 전문가들은 이런 추세가 이어질 경우 멸종위기종 지정이 필요할 수도 있다고 우려하고 있습니다. 대체 무슨 일이 일어난 걸까요? 여기에는 다양한 원인이 복합적으로 작용하고 있습니다.

토끼는 종류가 아주 다양합니다. 그중 우리에게 친숙한 토끼는 굴토끼와 메토끼, 두 종류가 있어요. 굴토끼는 우리가 집에서 기르는 집토끼의 조상이고, 메토끼는 우리나라 숲속에서 자라는 산토끼를 가리킵니다. 그런데 생물학적으로 이 굴토끼와 메토끼의 차이는 큽니다. 학명은 물론이고 염색체의 수도 다르니까요. 굴토끼는 굴을 파고 집단으로 생활하며 사회적인 특성을 보이고, 메토끼는 땅 위에서 생활하며 아주 민첩하고 독립적인 성격이 강하죠.

현재 우리나라에서 키우고 있는 집토끼는 굴토끼 혹은 유럽토끼가 가축화된 것입니다. 1900년대 일본을 통해 국내에 들어와 본격적으로 길러지기 시작했죠. 야생에서 서식하는 메토끼, 즉 산토끼가 바로 한국 고유의 종인데요. 학명은 '레프스 코레아누

산토끼 한국 고유종인지 여부는 논란이 있었지만 유전적 분석 결과, 한국 산토끼는 다른 아시아 산토끼와는 유전적 차이가 뚜렷하다는 사실이 밝혀졌습니다.

스'(*Lepus coreanus*)이며, 영어로는 'Korean Hare'라고 불립니다. 한때 산토끼를 일본이나 중국 메토끼의 아종이라고 주장하는 이들도 있었습니다. 그러나 2000년대에 들어 미토콘드리아 DNA 분석을 통해 산토끼는 유전적으로 독립된 한국 고유종임이 명확히 입증되었습니다.

산토끼의 몸무게는 2킬로그램에서 2.5킬로그램 정도이며 몸길이는 40~50센티미터, 꼬리 길이는 2~5센티미터, 귀는 7~8센티미터입니다. 기본적으로 갈색 털을 가지고 있으며 겨울이 되면 흰색으로 털갈이를 합니다. 이렇게 여름과 겨울에 따라 보호색을 바꾸지만 귀 끝에는 늘 갈색 털이 돋아나 있죠. 산토끼는 주로 야행성으로 초저녁이나 밤에 활동을 합니다. 위험을 감지했을 때에는 시속 70~80킬로미터의 속도를 자랑하며, 행동 범위는 보통 4만~20만 제곱미터 정도 된다고 해요.

산토끼는 짝짓기 계절 외에는 단독 생활을 하고 양발을 북처럼 통통통 치면서 서로 소통을 합니다. 한번에 최대 10마리까지 새끼를 낳을 수 있으며, 새끼는 태어나자마자 혼자 활동할 수 있어요. 그리고 3일쯤 지나면 새끼들은 숨을 곳을 찾아 숲속에 들어가 있다가 하루에 한번씩 해가 진 다음에 어미가 오면 그때 모여서 어미의 젖을 먹는다고 합니다.

"토끼야 토끼야 산속의 토끼야/ 겨울이 되면 무얼 먹고 사느냐" 이렇게 물으면 토끼가 "겨울 되어도 걱정이 없단다/ 엄마 아빠가 여름 동안 모아놓은/ 맛있는 먹이가 얼마든지 있단다"라고 대답하는 오래된 우리 동요 「토끼야」가 있어요. 그런데 사실 이 노래 속 토끼의 대답은 허세입니다.

초겨울이되면 낙엽이 다 떨어지고 추워지잖아요. 그러면 산토끼에게는 시련의 계절이 시작됩니다. 산토끼는 뛰고 달리는 재주가 뛰어나지만 다람쥐처럼 겨울에 먹을 비상식량을 저장하는 본능은 없습니다. 저장해놓은 먹이가 없으니까 추운 겨울에도 밖으로 나와서 나무껍질이나 나무뿌리를 갉아먹고 살아야 하거든요.

그래서 간혹 겨울철에는 농작물에도 피해를 주는 사례가 발생하고 마는 것이죠. 그런데 이들의 개체수가 점차 줄어들고 있는 현실은 우리의 생각보다 훨씬 더 심각한 상황일지도 모릅니다.

1970년대까지 산토끼는 식용이나 모피를 위한 주요 사냥 대상이었고, 실제로 사냥이 비교적 쉬운 동물이었습니다. 그 이유는 산토끼가 일정한 생활권을 유지하며 자기 영역을 좀처럼 벗어나지 않으려는 습성이 있어 사냥꾼에게 쉽게 포착되었기 때문입니다.

하지만 현재 산토끼의 개체수는 지난 20년간 15분의 1로 줄어들었습니다. 이러한 추세는 '로드킬'(roadkill)이라 불리는 동물 찻길 사고 통계에서도 간접적으로 확인할 수 있습니다. 과거에는 산토끼가 고라니 너구리처럼 로드킬로 희생되는 대표적인 동물 중 하나였지만, 2021년 조사에서는 로드킬로 자주 희생되는 동물 목록에서 사라졌습니다. 이는 토끼가 로드킬을 피한 결과라기보다, 실제로 개체수 자체가 크게 줄었음을 보여주는 변화입니다. 그렇다면 산토끼의 개체수는 왜 이렇게 급격히 줄어든 것일까요?

여러 가지 요인이 복합적으로 작용하고 있습니다. 최근 몇년 사이 급증한 유기견과 유기묘는 새로운 포식자가 되어 산토끼에게 큰 위협이 되고 있습니다. 여기에 더해 산토끼 감소의 주요 원인 중 하나로 지목되는 것은 바로 기후위기입니다. 기후위기와 도시 개발, 산불 등으로 인해 산토끼의 주요 서식지인 풀밭과 초지가 점점 줄어들고, 그에 따라 먹이 자원도 급격히 감소하고 있습니다. 산토끼의 멸종위기는 단지 하나의 사례일 뿐, 기후위기가 초래한 생태계의 변화는 전세계적으로 발생하고 있습니다.

바다거북 역시 기후위기로 인해 큰 위협을 받고 있습니다. 바다거북은 알이 부화할 때의 온도에 따라 성별이 결정되는데, 지구 평균 기온이 상승하면서 부화 개체 대부분이 암컷으로 태어나는 현상이 나타나고 있습니다. 바다거북의 주요 서식지인 플로리다주에서는 2023년에 부화한 바다거북의 99퍼센트가 암컷이었습니다. 이러한 성비 불균형은 유전적 다양성 감소와 번식의 어려움을 초래할 수 있어 장기적으로는 개체군 유지 자체가 어려워집니다. 이처럼 기후위기는 산토끼뿐 아니라 바다거북의 생존까지 위협하고 있으며, 이는 전지구적 생물다양성에 심각한 영향을 미치는 중요한 경고 신호입니다.

우리나라의 산토끼와 바다거북의 사례는 기후위기가 인간과 자연, 그리고 모든 생명체에 미치는 영향을 잘 보여줍니다. 그리고 위기에 처한 생태계는 결국 인간에게도 영향을 미칠 것입니다. 다행히도 토끼 같은 동물들은 번식력이 뛰어나기 때문에 서식지 환경만 잘 조성되면 개체수를 회복할 수 있습니다. 그렇다면 우리는 산토끼와 바다거북 같은 멸종위기에 놓인 동물들을 보호하기 위해 어떤 노력을 기울여야 할까요? 첫번째는 바로 기후위기에 대응하는 것입니다. 기후위기를 멈추지 않으면 자연과 동물들은 계속해서 피해를 입게 될 것입니다. 우리 모두가 책임감을 갖고 행동에 나서야 할 때입니다.

Q. 인류가 사라진다면, 지구는 빠르게 원래의 모습으로 회복될 수 있을까?

응, 토론하자!

산토끼와 바다거북의 위기는 결국 인간의 활동과 기후변화가 만든 결과입니다. 만약 인간이 지구에서 사라진다면 어떨까요? 도시는 숲으로 바뀌고, 동물들은 다시 자유롭게 살아갈까요? 아니면 인간이 남긴 지울 수 없는 흔적 때문에 지구는 오랫동안 회복되지 못할까요?

입장1 자연은 빠르게 회복될 수 있다.
- 인간이 사라지면 도시는 금세 숲과 녹지로 뒤덮일 수 있다.
- 동물들은 인간의 방해 없이 빠르게 개체수를 회복할 수 있다.
- 인간이 남긴 오염물질도 시간이 지나면 분해된다.
- 자연은 본래의 균형을 되찾을 굉장한 자정능력을 갖고 있다.

입장2 자연의 회복은 한없이 더디게 진행될 것이다.
- 이미 사라진 대형 포식자나 멸종된 종은 다시 부활할 수 없다.
- 콘크리트, 플라스틱, 방사능 같은 잔류물은 오래 남아 지구의 회복을 늦춘다.
- '원래 모습'이라는 기준이 모호하다. 이미 지구는 과거 상태로 돌아갈 수 없다.
- 인간이 사라져도 기후변화와 불안정한 생태계는 계속될 수 있다.

6. 100미터 나무는 어떻게 물을 마실까?

현재 지구에서 가장 큰 나무 이름이 무엇인지 아시나요? 하이페리온(Hyperion)입니다. 그리스 신화에 나오는 티탄의 열두 신 중 한명의 이름이죠. 빛과 감시의 신으로 알려진 그의 이름은 '높은 곳에 있는 자' 또는 '높은 곳에서 지켜보는 자'라는 뜻을 품고 있습니다. 2019년, 하이페리온은 현재 살아 있는 나무 중에서 가장 큰 키로 기네스 세계기록에 올랐습니다.

이름에 걸맞게 무려 110미터를 훌쩍 넘는 하이페리온은 건물로 치면 아파트 38층 높이에 해당하는 크기입니다. 캘리포니아 레드우드국립공원(Redwood National Park)에 있는 이 나무는 해안삼나무의 일종으로 사시사철 푸르죠. 나무껍질과 목재가 붉어 영어로 '레드우드'(redwood) 즉 붉은나무라고도 불린답니다. 도

대체 나무가 어떻게 이렇게까지 높고 크게 자랄 수 있었을까요?

일단 키 큰 나무로 자라려면 그만큼의 시간이 필요합니다. 오래 살 수 있어야겠죠? 장수하려면 건강해야 하고요. 이 말은 나무가 환경에 적응을 잘하고, 잘 버텨야 한다는 뜻입니다. 하이페리온이 속한 해안삼나무의 껍질에는 항균 물질이 다수 포함되어 있어 병해충에 강합니다. 껍질 두께도 어마어마해서 30센티미터에 달하는 경우도 있죠. 인간의 경우와 비교해볼까요? 인간의 피부 두께는 부위마다 다른데 평균적으로는 1~2밀리미터라고 합니다. 눈꺼풀이 약 0.5밀리미터고 가장 두꺼운 부위인 발바닥이 약

4밀리미터죠. 해안삼나무처럼 30센티미터 두께의 피부를 입고 있다면 아마 갑옷을 두르고 다니는 느낌일 거예요.

해안삼나무는 섬유질이 아주 치밀하게 구성되어 있어 목질도 단단한 편입니다. 그래서 바람이 불어도 부러지지 않고 잘 버틸 수 있으며 뿌리가 아주 깊고 넓게 쫙 퍼져 있어요. 과학자들은 이를 근거로 해안삼나무 중에서도 특히 튼튼한 하이페리온이 오천 년 이상 살 수 있었다고 추정하고 있답니다.

그렇다면 하이페리온은 지금 몇살일까요? 하이페리온의 정확한 나이를 알기 위해서는 나이테를 봐야 합니다. 하지만 나이를 알자고 하이페리온을 베어버릴 순 없죠. 과학자들은 주변 삼나무의 수명에 견주어 하이페리온의 나이 또한 600살에서 800살 정도가 아닐까 추정하고 있습니다.

나이는 그렇다 치고 저 높이 솟은 나무 꼭대기까지 어떻게 물이 전달될 수 있을까요? 물이 흙에서 뿌리로 들어오는 과정은 식물 생장에서 매우 중요한 원리입니다. 이 과정은 농도 차이에 의해 이루어지는데, 식물세포 안에는 다양한 물질이 들어 있어 그 농도가 바깥 흙보다 높습니다. 그래서 자연스럽게 물이 뿌리로 흘러들게 됩니다. 이렇게 흡수된 물은 줄기를 따라 위로 이동하게 되죠.

해안삼나무처럼 거대한 나무가 수십미터 이상 물을 끌어올리는 데는 증산작용이 결정적인 역할을 합니다. 나뭇잎에서 수분이 증발하면 잎 내부에 음압이 형성되어 물을 뿌리에서부터 줄기, 그리고 잎까지 끌어올리는 원동력이 됩니다. 음압은 잎에서 수분이 빠져나가면서 생기는 압력으로, 뿌리에서 새로운 물을 흡수하도록 돕는 역할을 합니다. 이 과정에서는 물 분자들끼리 서로 달라붙는 힘인 응집력과 물 분자가 줄기 속 벽에 달라붙는 힘인 부착력이 중요한 역할을 합니다.

물 분자들은 서로 붙어 있으려는 성질이 강해서, 잎에서 수분이 증발할 때 그 위쪽 물 분자가 끌려 올라가면, 아래쪽 물 분자들도 함께 줄줄이 끌려 올라갑니다. 마치 긴 실처럼 끊어지지 않고 연결된 물줄기가 줄기를 따라 위로 움직이는 것이죠. 이런 원리 덕분에 식물은 뿌리에서 흡수한 물을 무거운 몸체를 따라 높은 곳까지도 효과적으로 올릴 수 있습니다. 증산작용과 물의 끈끈한 성질이 함께 작용해, 나무 전체에 물을 골고루 공급하는 것입니다. 그렇다고 해도 어떻게 나무가 100미터 높이까지 물을 끌어올릴 수 있을까요? 우리가 100미터까지 물을 끌어올리려면 전기 모터나 엔진을 장착한 고압 펌프나 계단식 펌프 설치가 필요한데 말이죠. 그런데 하이페리온은 아무런 기계장치 없이 이 일을 해냅니다. 그 비밀은 바로 이 나무가 자라는 특별한 환경과 거기서 진화한 생체 구조에 숨어 있습니다.

하이페리온을 포함한 해안삼나무는 주로 습한 해안 지역에서 자라며, 온화한 기후와 큰 온도 변화 속에서 생장합니다. 특히 하이페리온이 있는 지역은 태평양 해안에 가까워 여름에도 종종 짙은 안개가 발생합니다. 안개는 물이 필요한 나무에게 아주 중요한 요소입니다. 해안삼나무는 대기 중의 수분을 잎과 줄기를 통해 직접 흡수하는 능력이 탁월한데, 바로 이 안개가 하이페리온의 생명줄이 되는 겁니다.

해안삼나무는 뿌리뿐 아니라 잎과 줄기를 통해 대기 중의 수분을 직접 흡수하는 능력이 매우 뛰어납니다. 그 비결은 이 나무의 독특한 잎 구조에 있습니다. 잎은 아스파라거스처럼 가늘고 길며, 표면적이 넓게 분포해 있어 공기 중 수분을 효과적으로 포착할 수 있습니다. 또한 잎 표면을 감싸는 표면 보호막이 적절한 두께로 발달해 흡수한 수분을 내부로 빠르게 전달하면서도 과도한 증산작용을 억제해 수분 손실을 줄여줍니다.

잎 표면에는 미세한 돌기와 홈이 분포해 있어 안개 속의 물방울을 효율적으로 포집합니다. 특히 이 돌기들은 물을 잘 붙잡는 성질인 친수성이 강해 공기 중의 작은 수분 입자까지도 쉽게 응축할 수 있습니다. 이러한 독특한 구조 덕분에 해안삼나무는 하루 최대 50리터에 달하는 수분을 안개에서 직접 흡수할 수 있습니다. 이는 나무가 높은 곳까지 물을 끌어올리는 데 중요한 역할을 하며, 강수량이 적거나 토양이 건조한 환경에서도 거대한 숲을 이루는 원동력이 됩니다.

해안삼나무는 물을 흡수하는 능력 외에도 또 하나의 놀라운 능력을 지니고 있습니다. 바로 엄청난 양의 탄소를 저장할 수 있다는 점입니다. 이 나무는 하늘 높이 솟은 키 덕분에 수많은 잎으로 햇빛을 풍부하게 받아들일 수 있습니다. 그 잎들은 광합성을 통해 공기 중의 이산화탄소를 흡수하고 산소를 내보내는 동시에 흡수한 탄소를 나무 조직 안에 오랫동안 저장합니다. 이는 지구온난화를 완화하는 데 매우 중요한 역할을 합니다.

무엇보다 해안삼나무가 형성하는 숲은 다양한 동식물이 공존하는 중요한 생태계입니다. 이곳에는 새나 곤충, 포유류뿐 아니라, 지의류와 이끼 같은 작은 생물까지 수많은 생명체가 함께 살아갑니다. 이 숲은 수분을 저장하고 토양을 보호하며, 강한 바람과 해일로부터 해안을 지켜주는 방풍림 역할을 하기도 합니다. 이렇게 해안삼나무 숲은 단순히 나무들이 모여 있는 공간이 아니라, 서로 연결된 생태계가 복합적으로 유지되는 자연의 시스템입니다.

이처럼 자연 속에 숨겨진 원리와 신기한 사례를 들여다보면, 우리는 자연이 얼마나 정교하고 신비로운 시스템을 갖추고 있는지 새삼 깨닫게 됩니다. 하이페리온처럼 거대한 나무가 어떻게 높은 곳까지 물을 끌어올릴 수 있는지 그 과학적 원리를 이해하면, 자연은 단순한 풍경이 아니라 지속가능한 생명의 조건을 스스로 만들어가는 복잡한 생명 시스템임을 알게 됩니다. 그리고 이러한 이해는 우리가 자연을 보호하고, 환경과 조화를 이루며 살아가는 방법에 대해 더 깊이 고민하게 만듭니다.

평소에 우리가 무심코 지나칠 수 있는 자연 속에는, 세상을 섬세하게 조절하고 유지하는 놀라운 원리들이 숨어 있습니다. 해안 삼나무가 하늘을 찌를 듯이 성장한 것은 단순한 과학적 법칙 때문만이 아니라, 자연이 오랜 세월 동안 발전시켜온 정교한 생존 전략과 생태적 조화의 결과물입니다. 이러한 자연의 지혜는 우리가 환경을 보호하고 지속가능한 미래를 만들어가는 데 귀중한 교훈이 될 것입니다.

7. 바닷물고기의 몸에는 오금기가 배어 있을까?

바닷물을 마셔본 적 있나요? 목이 아플 정도로 짠맛이지요. 그런데 신기하게도 바닷물고기를 먹을 때는 그렇게 짜지 않습니다. 짠 바닷물에서 살면 당연히 물고기의 몸에도 소금기가 배어 있을 것 같지만 그렇지 않죠. 우리가 생선살에서 짠맛을 느낀다면, 그것은 요리사가 소금을 추가해 간을 했기 때문입니다. 짠 바닷물에서 평생을 사는데도, 물고기 몸에 소금기가 스며들지 않는다는 건 좀 이상하지 않나요?

일단 바닷속에서 살아가는 물고기의 몸속에서는 삼투 현상이 일어납니다. 삼투란 농도가 낮은 쪽에서 높은 쪽으로 물이 자연스럽게 이동하는 현상을 말합니다. 바닷물은 농도가 높은 소금물이니까 물고기는 가만히 있어도 수분을 계속 잃게 되죠.

그렇다고 수분을 보충하려고 바닷물을 마실 수도 없습니다. 바닷물에는 약 3.5퍼센트의 염분이 녹아 있어 그대로 마시면 물고기의 몸속 염분 농도가 너무 높아질 위험이 있기 때문입니다. 그래서 바닷물고기들은 소금기는 효과적으로 배출하고, 필요한 물만 선택적으로 흡수하는 능력을 갖추고 있습니다.

여기서 핵심 역할을 하는 것이 바로 아가미에 있는 염류 배출 세포입니다. 이 특수한 세포는 체내로 들어온 염분을 적극적으로 배출하는 기능을 합니다. 여기에는 이른바 '세포 내 발전소'라고 불리는 미토콘드리아가 매우 많이 들어 있습니다. 이곳에서 만들어진 에너지를 이용해 세포는 과잉 염분을 바깥으로 밀어냅니다. 쉽게 말해, 바닷물고기는 바닷물을 마시되 소금기는 아가미를 통해 내보내고 필요한 수분만 몸에 남기는 방식으로 균형을 유지하는 것이죠.

그렇다면 바닷물고기는 물을 어떻게 마시고 있는 걸까요? 물고기는 주로 입으로 바닷물을 흡입합니다. 그런데 앞에서 말했듯이 바닷물을 마시고 나면 몸속으로 들어온 소금은 아가미를 통해 배출하고 수분은 체내에 남겨둡니다. 물고기의 피부는 비늘과 점액질로 덮여 있어, 수분이 몸 밖으로 빠져나가는 것을 막아줍니다. 또 하나 중요한 장치는 콩팥입니다. 바닷물고기의 콩팥은 소변을 농축하여 수분 손실을 최소화합니다. 바닷물고기는 콩팥에서 만들어진 진한 소변을 아주 적게 배출하면서 체내 수분을 보존하지요.

바닷물고기와 반대로 민물고기는 몸속보다 주변 물의 염분 농도가 훨씬 낮은 환경에서 살아갑니다. 이런 환경에서는 반대로 삼투 현상에 의해 물이 끊임없이 물고기 몸 안으로 들어오려 하죠. 이대로 두면 민물고기는 몸이 과도한 수분을 흡수해 세포가 부풀어 오르고, 심하면 터져버릴 수도 있습니다.

이를 방지하기 위해 민물고기는 몸속의 과도한 수분을 빠르게 배출하는 능력을 갖추고 있습니다. 아주 묽은 소변을 대량으로 배출해 체내 수분 균형을 조절하는 것이죠. 실제로 민물고기의 신장은 바닷물고기보다 더 희석된 소변을 더 많이 만들고 배출할 수 있도록 특화되어 있습니다.

하지만 이렇게 소변으로 수분을 배출하는 과정에서 물과 함께 몸에 꼭 필요한 염분까지 전부 빠져나가는 문제가 발생할 수도 있습니다. 이를 보완하기 위해 민물고기의 아가미는 바닷물고기와는 정반대로 염분을 흡수하는 역할을 합니다. 아가미에는 특수한 염분 흡수 세포가 있어 물속에 희박하게 녹아 있는 소듐 이온(Na^+)이나 기타 무기질을 체내로 흡수하여 체내 염분 농도를 적절하게 유지할 수 있게 돕거든요.

이처럼 바닷물고기와 민물고기는 정반대의 방식으로 서로 다른 환경에 적응해 살아가고 있습니다. 민물고기는 물을 많이 배출하고 염분을 흡수하며, 바닷물고기는 수분을 보존하고 염분을 배출하는 방식을 택한 것이죠. 그런데 이 두 환경과 방식을 넘나들며 살아가는 특별한 물고기도 있습니다. 바로 연어입니다. 잘 알려져 있듯이 연어는 민물과 바다를 오가며 살아갈 수 있는 독특한 능력을 가지고 있습니다.

연어가 바다로 나갈 때 아가미는 바닷물고기처럼 변화하여 체내의 과잉 염분을 배출하는 기능을 활성화합니다. 반대로 산란을 위해 다시 강으로 돌아올 때 연어의 아가미는 민물고기처럼 변해 염분을 흡수하고 과도한 수분을 배출하는 역할을 하죠. 이렇게 연어는 수분과 염분 조절 기능을 유연하게 전환하며 강과 바다를 거뜬히 오가고 있습니다. 연어의 여정은 생물의 생존력과 적응력을 보여주는 생생한 사례입니다.

아, 그런데 바닷속에서 겉모습은 물고기처럼 생겼지만, 물고기가 아닌 존재도 있습니다. 바로 포유류인 고래입니다. 고래는 바다에서 살지만 바닷물을 직접 마시지는 않습니다. 그렇다면 고래는 어떻게 수분을 유지할까요? 고래는 먹이를 통해 수분을 섭취하고 염분을 효과적으로 걸러내는 강력한 콩팥을 가지고 있습니다. 농축된 소변을 배출하여 체내의 염분을 조절하죠. 그래서 고래의 소변은 바닷물보다 두배나 더 짜다고 알려져 있습니다. 이렇게 고래는 바다에서 살아가는 포유류이면서도 자기만의 방식으로 체내 염분 균형을 유지합니다.

바닷물고기와 민물고기의 생리적 차이에서 연어의 놀라운 환경 적응력, 그리고 고래의 독특한 염분 조절 방식까지, 이 모든 사례는 우리가 자연과 생명의 경이로움을 더욱 깊이 이해할 수 있도록 도와줍니다. 자연은 오랜 시간에 걸쳐 다양한 환경에 적응해온 생명체들의 정교한 전략을 보여줍니다. 그 과정을 이해할수록 우리는 생명체들이 환경과 끊임없이 상호작용하며 살아가는 모습을 한층 더 놀라운 시선으로 바라보게 됩니다.

Q. 인류가 극한 환경에서 생존하기 위해 신체 개조를 선택해도 될까?

기후위기, 우주 개척, 극한지역 탐사 등 인간이 새롭게 적응해야 할 환경은 점점 늘어나고 있습니다. 바닷물고기나 연어처럼 환경에 맞춰 생리 기능을 바꾸는 능력이 인간에게도 필요할까요? 과연 인간이 스스로의 신체나 유전자를 바꾸는 선택을 해도 될까요?

입장 1 생존은 진화의 본질. 인간도 환경에 적응해야 한다.
- 연어처럼 환경에 따라 기능을 바꾸는 것은 자연스러운 생존 전략이다.
- 인간이 우주·심해·사막 등에서 장기 생존하려면 신체 개조가 필요하다.
- 유전자 변형·신체 개조는 기술 발전에 따른 '진화의 도구'일 뿐이다.
- 신체 개조를 통해 질병 저항력이나 생존율을 높일 수 있다.

입장 2 생명을 인위적으로 바꾸는 건 윤리적 한계가 있다.
- 인간의 생리나 유전자를 바꾸는 건 생명에 대한 지나친 개입이다.
- 자연의 균형을 해치고 예측 불가능한 부작용이 생길 수 있다.
- 신체 개조는 인간다움과 정체성을 훼손할 수 있다.

8. 우리 집 개는 빨간 공을 좋아할까, 노란 공을 좋아할까?

 개와 눈싸움을 해본 적 있나요? 처음에는 장난처럼 시작했지만 개가 점점 뚫어져라 쳐다보면서, "너도 나랑 눈을 맞추려면 꽤 집중해야 한다고!"라고 말하는 것 같지 않았나요? 그렇다면 여러분은 이미 개의 마음속으로 한걸음 들어가본 셈입니다. 그럼 개는 어떻게 감정을 드러낼까요?

 우리는 개와 눈을 맞추며 기분을 읽습니다. 기뻐하는지, 슬퍼하는지, 심지어 서운해하는지까지 알 수 있죠. 그런데 이런 경우를 떠올려보세요. 영상통화로 개와 소통해본 적 있나요? 멀리 떠나와 집에 두고 온 개의 이름을 휴대전화 화면을 너머로 불러봤을 때, 개가 화면에 비친 여러분을 못 알아보는 경험을 한 적이 있다면 그건 아주 자연스러운 일입니다. 개는 화면을 보지 못하고,

냄새를 맡지도 못하니 "이건 뭐지?" 하는 어리둥절한 반응을 보이는 거죠.

개는 사람보다 색을 구분하는 능력이 제한적이에요. 파랑과 노랑은 구별할 수 있지만 빨강과 초록은 "그냥 회색이네?"라고 생각할 가능성이 큽니다. 사실 포유류 대부분은 한두가지 색을 구분할 수는 있어도, 다양한 색채를 식별하는 감각은 충분히 발달하지 않았죠. 야생에서 생존 경쟁을 벌여야 하는 동물들이 색을 잘 구분하지 못한다니, 언뜻 보기에는 불리해 보이죠? 하지만 실제로는 그렇지 않습니다.

많은 야생동물은 보호색을 활용해 주변 환경과 비슷하게 위장하고 있기 때문에, 색의 차이보다는 밝기의 차이가 더 중요한 단서가 되거든요. 숨어 있는 사냥감을 찾아야 하는 육식동물이나 재빨리 도망쳐야 하는 초식동물에게는, 찬란한 색채 감각보다는 미묘한 밝기 변화를 감지하는 능력이 생존에 유리하죠. 물론 예외도 있습니다. 열매를 주로 먹고 사는 유인원류는 사람처럼 빨강, 파랑, 초록 같은 여러 색을 비교적 잘 구분할 수 있어요. 숲속에서 초록 잎들 사이에 숨어 있는 빨강이나 노랑 열매를 빠르게 찾아내는 게 생존에 도움이 되었기 때문이라고 추정합니다.

하던 이야기로 돌아가볼까요? 개는 영상통화를 할 때 가장 중요한 감각인 후각을 사용할 수 없습니다. 주인의 목소리는 들리

빨간 공? 노란 공? 여러분의 반려견은 노란 공은 식별할 수 있지만 빨간 공은 회색 공으로 인식할 가능성이 큽니다. 장난감을 고를 때 참고하세요.

지만 냄새는 전혀 없으니 "여기 뭐가 있긴 한가?" 하는 혼란스러움만 느낄 뿐이죠. 게다가 그 목소리도 스마트폰이나 컴퓨터 스피커를 거치며 기계적으로 변조되기 때문에 강아지에게는 낯설게 들릴 수밖에 없습니다.

개의 후각 능력은 인간과 비교할 수 없을 정도로 뛰어납니다. 개는 약 3억개의 후각 수용체를 가지고 있는 반면, 인간은

500~600만개 정도에 불과하거든요. 참으로 놀라운 차이입니다. 개는 같은 냄새도 더 세밀하게 구별하고 오래 기억할 수 있습니다. 냄새는 개에게 단순한 자극이 아니라, 세상을 인식하고 기억하는 가장 핵심적인 감각입니다. 반려견과 함께 살아본 분이라면 개가 특정 장소나 사람을 냄새로 기억하고 반응하는 걸 경험해보셨을 거예요.

개는 청각도 뛰어나서 인간이 못 듣는 고주파 소리까지 듣습니다. 인간의 가청 주파수 범위는 20헤르츠에서 20킬로헤르츠 정도지만, 개는 40헤르츠에서 60킬로헤르츠까지 들을 수 있거든요. 가청 범위를 비교하면 개가 사람보다 훨씬 넓은 소리 세계를 경험하는 셈이지요. 이런 능력은 자연 상태에서 개가 사냥감을 찾거나 위험을 감지하는 데 유리하게 작용했겠죠. 작은 소리에도 귀를 쫑긋 세우는 반응은 오래전 야생의 본능이 아직도 몸속에 살아 있다는 증거입니다. 만약 여러분이 "조용히 해!"라고 크게 외치고 나서 갑자기 개가 침묵하는 일이 벌어졌다면, 그건 개가 여러분의 말을 알아들어서가 아닐지도 모릅니다. 그 자체로 개에겐 사람이 느끼는 것보다 '너무 큰 소리'이기 때문에 놀랐을 수 있거든요.

한편 개의 시력 자체는 인간보다 낮지만, 어두운 곳에서는 오히려 뛰어납니다. 밤에도 놀라울 정도로 사물을 잘 인식하죠. 이

건 개의 눈 속에 있는 간상세포(막대세포) 덕분입니다. 간상세포는 빛의 밝고 어두움을 감지하는 세포로, 특히 야간에 중요한 역할을 해요. 개는 이 간상세포가 사람보다 훨씬 많아서 어두운 환경에서도 잘 볼 수 있는 거죠. 반면에 원추세포(원뿔세포)는 색을 구별하고 사물을 선명하게 보는 데 필요한 세포인데, 개는 이 세포가 사람보다 적기 때문에 밝은 곳에서의 시력은 다소 떨어지고 색 구분도 제한적입니다. 우리가 영상통화로 얼굴을 보여줘도 개가 잘 알아보지 못하는 이유 중 하나죠. 개는 시야각이 인간보다 넓어 주변 환경을 더 넓게 볼 수 있습니다. 특히 움직이는 물체를 포착하는 능력이 매우 뛰어난데, 이러한 시각적 특성들은 모두 사냥 본능의 흔적이라고 할 수 있습니다.

그럼 개는 자신의 감정을 어떻게 표현할까요? 개는 우리가 생각하는 것보다 훨씬 정교한 얼굴 근육을 가지고 있습니다. 2019년 『미국 국립과학원회보』(*PNAS*)에 발표된 연구에 따르면, 개는 가축화 과정에서 눈 주변 근육이 발달해 인간과 더 풍부하게 교류할 수 있게 되었다고 해요. 흰자위를 보이거나 눈매를 시무룩하게 만들 수 있는데, 이건 늑대에겐 없는 특징이거든요. 꼬리와 귀 등 신체 언어를 사용해 자신의 기분을 표현하기도 하고요. 이처럼 개는 감정을 풍부하게 드러내며 인간과 소통할 수 있는 몇 안 되는 동물 중 하나입니다.

개는 여러 상황에서 인간의 감정을 읽고 그에 맞게 행동하기도 합니다. 연구에 따르면 개는 사람의 목소리 톤과 표정을 종합적으로 분석해 감정을 파악한다고 하죠. 주인이 슬퍼할 때 개가 다가와 위로하는 듯한 행동을 보이는 이유입니다.

제주도에 여행 갔을 때 경험한 일이 떠오르네요. 머물기로 한 지인의 집에서 진돗개 '복길이'를 만났는데, 처음 만났을 때부터 저를 잘 따랐습니다. 그리고 1년 뒤, 다시 그 집을 방문했을 때 복길이가 저를 무척 반겨주더라고요. 먼발치에서부터 꼬리를 흔들며 반색을 하길래 얼른 다가갔더니, 마치 끌어안듯 앞발을 내밀더라고요. 단순한 반응이 아니라 분명한 기억이 느껴지는 순간이었습니다. 제 발자국 소리와 목소리, 그리고 체취까지 복길이의 마음속 어딘가에 그대로 남아 있던 것 같았어요.

개의 감각에 대해 이야기하다 보니, 문득 철학자 마르틴 하이데거(Martin Heidegger)의 말이 떠오릅니다. 그는 눈이 자신의 발가벗은 모습이고, 눈맞춤은 스스로를 드러내는 방식이라고 말했죠. 개와 눈을 맞추는 순간, 우리는 종을 초월한 두 존재가 서로의 감정을 읽고, 이해하려 애쓰고 있음을 느끼게 됩니다. 서로를 드러내는 이 작은 교감이 긴밀한 유대관계를 만드는 힘이겠지요.

Q. 우리는 개의 감정을 '정확히' 이해하고 있을까?

개는 눈빛, 꼬리, 귀, 표정 등 다양한 방법으로 감정을 표현하고 인간의 목소리와 표정을 분석해 감정을 읽기도 합니다. 인간 역시 개의 행동을 해석하며 교감하려고 하죠. 하지만 인간과 개의 감각세계는 아주 다릅니다. 과연 우리는 개를 진정으로 이해하고 있을까요?

당신의 생각은?
- ☑ 개의 눈빛이나 표정을 보고 감정을 정확히 파악하는 것이 가능할까?
- ☑ 인간과 개의 감각 차이를 이해하면, 더 나은 반려 생활을 할 수 있을까?
- ☑ 개와의 교감은 진짜 서로의 감정적 소통일까, 인간이 만든 해석일까?

9. 빈대가 출몰하는 숙소 감별법은?

"으악, 징그러워! 이게 뭐야, 설마 빈대야?"

최근 국내 주요 도시에서 빈대 출현 신고가 잇따라 접수되었습니다. 특히 2023년 하반기에는 찜질방, 고시원, 기숙사 등 다중이용시설을 중심으로 살아 있는 빈대 성충과 유충이 발견되었으며, 일부 시설은 운영이 일시 중단되기도 했습니다.

1960~70년대 새마을운동과 방역 정책으로 사실상 사라진 줄 알았던 빈대가 우리 눈앞에 다시 나타났다는 사실에 사람들은 경악을 금치 못했죠. 삶의 기억 속에서만 존재할 줄 알았던 징그러운 벌레가 다시 돌아왔으니까요. '팬데믹'(pandemic)을 비틀어 '빈대믹'이란 말이 나올 정도로 사회적 이슈가 되었습니다.

빈대는 척추동물의 피를 빨아먹고 사는 해충입니다. 동글납작하고 머리는 작죠. "빈대도 낯짝이 있다"라는 속담도 있잖아요. 지나치게 염치가 없는 사람을 나무라는 말이죠. 작고 납작한 타원형 몸통을 하고서 낮에는 매트리스나 침대 프레임, 쿠션, 갈라진 벽의 틈 속에 숨어 있습니다. 그리고 밤이 되면 나타나 잠들어 있는 인간의 피를 빨아먹죠.

 빈대는 날지 못하고 점프도 못하지만, 작고 날렵한 다리로 빠르게 기어다니는 데는 일가견이 있습니다. '왜 하필이면 잘 때만 물리는 거야?'라고 생각할 필요 없습니다. 빈대 입장에서는 완벽한 스텔스 작전이거든요. 방심한 순간, 깊이 잠든 우리를 찾아와 모기보다 일곱배에서 열배 많은 피를 빨아먹는 행동으로 자신의 무시무시한 존재감을 증명합니다.

 빈대의 문제는 단순히 사람을 무는 데 그치지 않습니다. 빈대에 물리면 피부가 붉게 부어오르고 가려움이 뒤따라 짜증이 나는 것은 기본입니다. 게다가 불면증을 유발해 우리의 소중한 꿀잠을 박살내요. 한번 빈대가 유행한 지역에서는 언제든 다시 나타날 수 있기 때문에 사람들의 스트레스와 불안감이 커질 수밖에 없습니다. 그나마 다행인 건 빈대가 감염병을 옮기지는 않는다는 사실입니다. 그래도 한번 빈대를 보고 나면 '또 나타나지 않을까?' 하는 생각이 꼬리에 꼬리를 물고, 이러다보면 빈대가 없는데도 괜히 몸이 간지러운 느낌이 들 지경이죠.(이 글을 읽고 있는 지금도 몸이 좀 간지럽지 않나요?)

　그렇다면 이 불청객을 어떻게 예방할 수 있을까요? 일단 빈대의 습성을 제대로 아는 것이 중요합니다. 빈대는 보통 피를 빨 때만 사람 몸에 잠시 머뭅니다. 평소에는 빛을 싫어하는 습성 때문에 어두운 곳에 숨어 있다가, 불이 꺼지고 어둠이 내려앉으면 서서히 활동을 시작하죠. 또한 빈대는 따뜻하고 습한 곳을 좋아합니다. 이런 조건을 갖춘 공간은 그들의 천국이 될 수밖에 없죠. 여름철에 기온이 상승하면 빈대의 활동이 더욱 활발해지는 이유입니다.

　게다가 빈대는 페로몬(pheromone)이라는 화학신호 물질을 내뿜는데, 이 냄새가 고수 향과 매우 비슷합니다. 짝을 찾거나 무리를 이루는 데 사용하는 이 신호는, 빈대가 많이 서식하는 공간일수록 더욱 짙고 퀴퀴하게 퍼집니다. 숙소에 들어섰을 때 별안간 퀴퀴한 냄새가 느껴진다면 빈대가 있을 가능성을 의심해봐야 합니다. 또 숙박시설에 놓인 침대 시트나 매트리스를 유심히 살펴보세요. 작고 검은 점이나 말라붙은 핏자국이 있다면 경계하셔야 합니다. 빈대의 배설물이거나 피를 빤 흔적이거든요. 이럴 땐 숙박시설의 직원에게 알리고 방을 바꾸는 게 상책이죠.

　무엇보다 청결이 가장 중요합니다. 빈대에게는 어수선한 환경이 살아남기에 매우 유리하거든요. 침대 밑, 벽지 틈새, 가구 사이처럼 평소에는 잘 신경 쓰지 않는 공간들이 빈대에게는 가장 좋은 은신처입니다. 이런 곳들을 주기적으로 꼼꼼히 청소해주는 것이 빈대 예방의 첫걸음입니다. 침대 시트나 이불은 60도 이상의 뜨거운 물로 세탁하거나 스팀 청소를 하면 빈대 예방에 아주 효과적입니다.

중요한 팁이 하나 더 있습니다. 새로 구입한 가구나 의류, 중고 물품을 집에 들이기 전에 반드시 꼼꼼하게 점검하는 것이 좋습니다. 우리가 미처 예상치 못한 곳에 빈대가 숨어 있을 수 있다는 사실을 잊지 마세요.

만약 빈대를 발견했다면? 스스로 해결하기보다는 전문가의 도움을 받는 것이 가장 확실한 방법입니다. 빈대는 여러 마리가 무리를 지어 살기 때문에 한마리만 잡는다고 끝나는 게 아니거든요. 보통 한마리를 발견했다면 이미 빈대 가족 전체가 여러분의 집에 거주하고 있을 확률이 높습니다.

빈대는 온도와 습도에 따라 생존력과 번식력이 크게 달라지는 해충입니다. 만약 23도의 온도와 90퍼센트의 상대습도라는 이상적인 환경에서 지속해서 피를 빨 수 있다면, 암컷 빈대는 4~5개월 정도 살면서 매주 다섯개에서 여덟개의 알을 낳는다고 알려져 있습니다. 보통 가정이나 호텔과 같은 숙박시설에서는 빈대의 알이 부화하는 데 9~12일, 이후 여러 차례 탈피를 거쳐 성체가 되기까지 약 두달이 걸립니다.

   빈대는 매우 작은 곤충이지만 결코 만만한 상대가 아닙니다. 하지만 우리가 그들의 생태를 이해하고 예방과 방제에 신경 쓴다면 이 작은 불청객을 효과적으로 쫓아낼 수 있습니다. 빈대는 이미 다시 나타났지만, 지금부터 함께 힘을 모은다면 우리 일상에 발붙이지 못하게 막을 수 있습니다. 꿀잠을 지키는 건 우리 손에 달려 있습니다.

10. 미래의 바퀴벌레, 대체 어떤 놈들이 살아남을까?

거실, 부엌, 화장실… 어디든 예상치 못한 순간에 등장하는 바퀴벌레는 그 존재만으로도 두려움과 짜증을 동시에 불러일으킵니다. 이 불청객을 쫓아내기 위해 우리가 흔히 사용하는 방법 중 하나가 바로 '바퀴베이트'입니다. 달콤한 포도당이나 설탕을 살충제와 섞어 바퀴벌레를 유인하는 덫이지요. 바퀴벌레는 죽은 동족도 먹습니다. 그래서 독을 먹고 죽은 바퀴가 또다른 바퀴의 먹이가 되면 독이 집단 전체로 퍼져나가는 2차 살충 효과도 생깁니다. 그래서 바퀴베이트는 1980년대부터 꽤 오랫동안 효과적인 방제법으로 활용되고 있습니다.

그런데 말이죠, 최근 바퀴베이트가 예전만큼 효과가 없다는 이야기가 들려옵니다. 많은 사람이 이렇게 생각합니다. '아, 바퀴벌레도 이제 바퀴베이트에 내성이 생겼나보다.' 마치 항생제에 내성이 생긴 슈퍼박테리아처럼 말이죠. 하지만 놀랍게도 2013년 미국 노스캐롤라이나주립대(NCSU) 연구진이 발표한 논문에 따르면, 문제는 바퀴벌레의 '입맛'에 있었습니다. 일부 바퀴벌레들이 돌연변이에 의해 포도당의 단맛을 쓴맛으로 인식하게 되었다는 겁니다.

실제로 연구진은 바퀴벌레를 대상으로 맛을 느끼는 감각세포의 반응을 분석했습니다. 정상 바퀴벌레는 포도당을 달콤하다고 느끼지만, 돌연변이를 가진 바퀴벌레에게서는 포도당이 쓴맛 신호를 유발한다는 걸 확인했습니다. 바퀴를 유인하기 위해 사용했던 당분이 이제는 쓰고 불쾌한 물질이 되어버린 겁니다. 당연히 달달한 바퀴베이트에도 다가오지 않겠죠. 어떻게 이런 일이 생겼을까요? 답은 진화 이론에서 찾을 수 있습니다.

사실 포도당을 싫어하거나 쓴맛으로 인식하는 바퀴벌레는 원래부터 소수 존재하고 있었습니다. 바퀴베이트를 사용하지 않았다면, 이러한 비주류는 눈에 띄지 않거나 짝짓기에서 도태될 수도 있었죠. 하지만 인간이 포도당을 유인제로 사용한 살충제를 널리 퍼뜨리면서 상황은 역전됩니다. 달콤한 독을 피할 수 있었던 개체들이 우연히 그 환경에 적합한 유전적 특성을 지니고 있었던 것입니다. 결국 이들은 굳건히 살아남아 다음 세대를 낳았고, 세대를 거듭하면서 포도당을 쓴맛으로 인식하는 감각적 특성이 점점 퍼지게 되었습니다. 이는 자연선택의 전형적인 사례입니다. 기존에 존재하던 다양한 변이 중에서 환경 변화의 적응에 유리한 특성이 빠르게 선택된 것이죠.

그런데 입맛을 개조한 이 돌연변이가 단순한 생존 전략을 넘어, 번식 전략 전체를 재구성하기에 이르렀습니다. 보통 수컷은 등에 달콤하고 끈적한 젤리를 분비해 암컷을 유혹합니다. 암컷이 이 '사랑의 선물'을 맛보기 위해 수컷 등에 밀착하면, 그 순간을 이용해 수컷은 짝짓기 자세로 전환하는 것이죠. 이처럼 원래 수컷 바퀴벌레는 암컷을 유혹할 때 달콤한 당분을 분비해 사랑을 전했는데, 이제 그 방법이 무용지물이 되고 있습니다. 단맛을 싫어하는 암컷들이 점점 늘어나고 있으니까요.

하지만 바퀴벌레의 사랑 전선에는 큰 이상이 없습니다. 왜일까요? 암컷의 입맛이 달라지자 그 취향에 맞는 수컷들이 자연스럽게 주목받기 시작했기 때문입니다. 사실 모든 수컷이 다 같은 방식으로 암컷을 유혹하는 건 아닙니다. 다만 과거에 별로 인기가 없었을 뿐이죠. 하지만 지금은 상황이 달라졌습니다. 단맛을 싫어하게 된 암컷들이 많아지면서, 인기 없던 수컷이 관심받는 세상이 되었습니다.

입맛 하나 바뀐 것이 먹이뿐 아니라 사랑의 방식, 그리고 다음 세대로 가는 유전자 흐름까지 바꾸고 있는 셈입니다.

환경이 바뀌자 입맛에 이어 사랑의 방식까지 바꿔가며 끈질기게 살아남는 바퀴벌레의 모습은 1993년 개봉한 영화「쥬라기 공원」(Jurassic Park) 속 명대사를 떠올리게 합니다. 영화에서 과학자들은 공룡의 번식을 통제하기 위해 암컷 공룡만을 복제해 외딴 섬에 가두고, 그곳을 안전한 테마파크로 운영하려 합니다. 하지만 공룡은 예상치 못한 방식으로 스스로 번식하고, 결국 인간의 통제는 무너지기 시작하죠. 이 장면을 지켜본 한 과학자가 말합니다. "Life finds a way." 생명은 결국 길을 찾아낸다는 거죠.

지금 우리가 마주한 사회적·기술적·환경적 변화 역시 바퀴벌레가 직면한 생존 환경만큼이나 예측할 수 없고 빠르게 변화합니다. 그럴수록 필요한 건 완벽한 준비보다는 변화를 민감하게 감지하고 유연하게 조정하는 사고, 그리고 변화 앞에서 주저하지 않는 태도일 겁니다. 여기에 더해 구성원의 다양성을 존중하는 태도 또한 중요합니다. 각자가 가진 개성과 다른 생각이 변화에 대한 새로운 해법이자 발전과 도약의 기회가 될 수 있기 때문입니다.

11. 땅콩은 왜 땅(속)콩이 되었을까?

 여러분, 땅콩을 좋아하시나요? 고소한 맛에 한번, 바삭한 식감에 또 한번 손이 가는 이 작은 콩알은, 빵이나 사과에 발라먹는 땅콩버터로 만들어도 정말 훌륭하죠. 한알씩 먹다보면 어느새 한줌이 사라지곤 합니다. 그런데 말이죠, 이 작고 단단한 콩알이, 생각보다 풍부하고 유익한 이야기를 숨기고 있답니다.

 땅콩은 영어로 peanut이죠. 이름부터 '땅속에서 자라는 콩'이라는 뜻을 담고 있습니다. 학명은 '아라키스 히포게아'(*Arachis hypogaea*)인데, 이 이름도 '땅(gaia) 아래(hypo)에서 열매를 맺는 콩'이란 뜻이죠. 이름 그대로 땅콩은 지상에서 꽃을 피운 뒤 수정이 되면 꽃자루가 땅속으로 길어집니다. 이 씨방자루는 중력에 이끌려 더 깊은 땅속으로 들어가며 열매를 맺기 시작하는데, 이 과정에서 씨방자루는 콩이 자랄 수 있도록 보호하는 역할을 합니다. 그래서 땅콩을 재배할 때는 씨방자루가 땅속으로 충분히 내려갈 수 있도록 적절한 토양 조건을 갖춰야 하죠.

보통 콩 하면 대두나 메주콩을 떠올리실 텐데요, 이 콩 친구들은 지상에서 꽃을 피우고 그대로 열매를 맺습니다. 하지만 땅콩은 지상에서 꽃이 피고 열매는 땅속에서 자라죠. 이런 특성 때문에 혹자는 땅콩을 '식물계의 지하철'이라 부르기도 한답니다. 덕분에 땅콩은 다른 콩들과는 구별되는 특별한 존재가 되었죠.

그런데 좀 이상하지 않나요? 다른 콩과 식물들은 하늘을 향해 가지를 뻗고 공중에서 열매를 맺는데, 땅콩은 굳이 땅속에 들어가 열매를 맺다니요. 대체 왜 이렇게 특이한 번식 전략을 지니게 된 걸까요?

그 이유는 땅콩이 자생하던 환경에서 찾을 수 있습니다. 땅콩의 원산지는 남아메리카의 고온건조한 지역으로 강렬한 햇빛과 낮은 습도가 특징입니다. 이런 환경에서 씨앗이 지상에 장시간 노출되면 어떤 일이 벌어질까요. 아마 뜨거운 직사광선에 말라죽기 쉬울 겁니다. 그러니 땅콩 입장에선 마치 보물처럼 열매를 땅속에 숨겨서 보호하는 방식이 유리했겠죠. 진화생물학적으로 말하면, 지상에서 씨앗이 쉽게 손상되는 환경 속에서 땅속에 열매를 맺도록 하는 선택 압력을 받아온 결과입니다.

땅콩처럼 땅속에서 열매를 맺는 생식 전략을 '지하결실'(geocarpy)이라고 하는데, 이는 식물계에서도 매우 드문 전략입니다. 땅콩의 조상 중에 우연히 씨방자루가 땅속으로 자라 열매를 맺는 변이를 가진 개체들이 있었고, 그런 특성이 건조한 환경에서 씨앗을 잘 보호해 더 많이 살아남고 번식했을 가능성이 높습니다. 시간이 흐르면서 이 형질이 자연선택을 통해 점차 고정되고 오늘날의 땅콩이 된 것이죠.

특별한 번식 전략을 갈고닦은 만큼 땅콩의 생명력은 매우 강력해서 인류와 함께 세계여행을 할 수 있을 정도였습니다. 땅콩의 세계여행은 1502년, 포르투갈 상인들이 브라질과 페루 지역에서 땅콩을 채취해 아프리카에 전파하면서 시작되었습니다. 땅콩은 비교적 잘 상하지 않고, 장거리 이동에도 적합한 작물이었기 때문에 무역 품목으로 빠르게 주목 받았습니다. 이후 아프리카에서 아시아와 유럽으로, 다시 아메리카 대륙으로 퍼져나가며 전세계로 확산됐죠. 그 결과, 오늘날 땅콩은 미국, 중국, 인도 등 여러 나라에서 중요한 농산물로 자리 잡았고 세계인이 즐기는 먹거리가 되었습니다.

또한 단백질과 건강한 지방, 비타민E와 비타민B군, 각종 미네랄이 풍부해 경제적으로 어려운 여러 국가에서 영양 부족 문제를 해결하는 데 큰 도움을 주는 식량 자원이 됐죠. 과거 미국에선 환자들이 고기 대신 먹을 수 있는 고열량 음식으로 땅콩버터를 만들었습니다. 전쟁터에서 에너지 소모가 큰 병사들에게 충분한 칼로리를 공급하는 에너지원이 되기도 했고요. 가볍게 한알씩 씹어 먹는 땅콩이 사실은 인류의 건강을 지켜온 작지만 강력한 영양 덩어리였던 셈이죠.

땅콩은 식용 외에도 다양한 방식으로 활용되는데, 특히 산업 분야에서는 단순한 간식 이상의 의미를 지닙니다. 땅콩기름은 비누, 화장품, 세척제 등 우리가 흔히 사용하는 다양한 제품의 원료로 사용되고 있거든요. '심심풀이 땅콩'이라는 별명과 달리, 알고 보면 땅콩은 우리 생활 곳곳에서 무척 바쁘게 활약 중인 존재랍니다.

그런데 이렇게 유익한 땅콩이, 어떤 사람들에게는 작은 폭탄처럼 강력한 위협이 될 때도 있습니다. 땅콩은 전세계적으로 가장 흔하면서도 강한 알레르기 유발 식품 중 하나거든요. 그 쓰임새가 워낙 다양하다보니, 초콜릿이나 각종 과자류뿐 아니라 화장품, 반려동물의 사료에도 땅콩 성분이 들어갈 수 있습니다. 그래서 땅콩 알레르기가 있는 사람들은 마치 탐정처럼 제품 성분표를 하나하나 꼼꼼히 살펴야 합니다. "본 제품은 땅콩이 함유된 제품과 같은 시설에서 제조하고 있습니다"라는 경고 문구가 있다면 그 제품은 꼭 피해야 합니다.

현대의학은 이 문제를 해결하기 위해 끊임없이 노력하고 있습니다. 아직 완전한 치료법이 개발되지는 않았지만 소량의 땅콩 성분에 서서히 노출되게끔 하는 다양한 면역요법이 도입되고 있죠. 관련된 임상 실험도 활발히 진행 중입니다. 이러한 노력이 결실을 보아, 실수로 땅콩 성분을 섭취한 알레르기 환자에게 갑작스런 비극이 생기지 않는 날이 하루빨리 오기를 바랍니다.

12. 광합성 없이 살아가는 이 식물의 사연 좀 들어보세요

 상상해보세요. 숲속 깊은 곳, 햇빛조차 들지 않는 어두운 그늘에서 살아가는 식물이 있다면요? 인적이 드문 가랑잎 더미 사이에서 다른 식물들처럼 초록빛을 띠기는커녕, 광합성조차 하지 않으며 살아가는 생명체가 있습니다. 바로 수정난풀입니다.

 우리가 흔히 알고 있듯이, 식물은 초록빛 잎을 펼쳐 햇빛을 받아 광합성을 하며 살아갑니다. 생명력 넘치는 초록색은 식물에게 당연한 옷 같죠. 하지만 수정난풀은 이런 상식에 정면으로 도전하는 특별한 식물입니다.

 식물은 보통 가만히 있는 것처럼 보이죠. 그래서인지 식물이 하는 광합성도 겉보기엔 무척 쉬운 일처럼 오해받기 쉽습니다. 하지만 실제로 광합성은 식물에게 엄청난 에너지를 요구하는 정교하고 복잡한 생화학 과정입니다. 햇빛과 공기, 물이라는 세가지 재료만으로 양분을 만들어내는 놀라운 작용이니까요.

그런데 모든 식물이 이 복잡한 과정을 수행하는 것은 아닙니다. 특히 숲속 그늘진 땅에 자라는 수정난풀처럼, 햇빛이 거의 들지 않는 환경에서 살아가는 식물에게 광합성은 더욱 큰 도전입니다. 게다가 수정난풀은 광합성의 핵심기관인 엽록체조차 없습니다. 대신 이 식물은 다른 생명체가 만들어놓은 유기물에 의존하는 전혀 다른 방식으로 살아갑니다.

수정난풀은 부생식물(腐生植物)입니다. 부생식물이란 동식물의 사체, 배설물, 분해된 유기물 따위에서 양분을 얻어 살아가는 식물을 말합니다. 수정난풀은 균근(菌根), 즉 곰팡이 뿌리를 통해 유기물을 흡수합니다. 균근이란 식물 뿌리와 곰팡이가 공생하는 구조로, 곰팡이는 뿌리에 붙어 미세한 실을 뻗어 토양 속 양분을 모으고, 식물은 그 댓가로 광합성으로 만든 당을 나눠주는 관계입니다. 하지만 수정난풀처럼 광합성을 하지 못하는 식물은 곰팡이에게 당을 줄 수 없기 때문에, 일방적으로 균근을 통해 영양분만 공급받는 독특한 방식으로 살아갑니다. 빛이 거의 닿지 않아 광합성으론 경쟁에서 살아남기 어려운 환경 속에서 수정난풀에 주어진 생존 전략입니다.

다른 식물들이 빛을 향해 치열하게 경쟁하는 동안, 수정난풀은

수정난풀 주로 반그늘에서 자라는 수정난풀은 유령처럼 보인다고 해서 '유령 식물'(ghost plant), 인디언의 파이프처럼 생겼다고 해서 '인디언 파이프'(indian pipe)라는 별명이 있습니다.

그늘 속에서 조용하고 끈질기게 자기만의 방식으로 생명을 이어 왔습니다. 그런 독특한 생존 전략 덕분에 수정난풀은 다른 식물들과는 모양도, 색깔도 다릅니다. 엽록체가 없기 때문에 초록색이 아닌 희고 투명한 색을 띠고, 잎이 있긴 하지만 퇴화되어 바늘처럼 얇고 속이 비칠 정도로 투명합니다. 줄기는 여러개가 모여 자라며 밤색을 띠는 덩어리 모양인데, 키는 10~20센티미터 정도입니다. 여름이 되면 줄기 끝에서 하얀 종 모양의 꽃이 아래를 향해 피어나죠. 수정난풀 꽃을 보고 있으면 마치 숲속 깊은 곳에서 청아한 종소리가 조용히 울려퍼지는 것 같기도 하답니다.

사실 숲속에는 수정난풀과 비슷한 특성을 가진 친척뻘 식물이 여럿 있습니다. 수정난풀과 같은 난초과 식물로는 구상난풀과 수정초가 있는데, 이들 역시 광합성을 하지 않고 곰팡이와 공생하며 살아갑니다. 다만 구상난풀은 수정난풀과 달리 황색을 띠며 좀더 뚜렷한 형태를 가지고 있습니다. 수정초는 겉모습이 비슷하지만 수정난풀이 가을에 황색 꽃을 피우는 것과 달리 봄에 분홍빛 꽃을 피우지요.

이렇게 서로 다른 방식과 외형으로 살아가는 식물들은 숲 생태계에서 중요한 역할을 합니다. 다른 식물이 햇빛을 쫓아가는 동안 수정난풀 같은 식물은 어둠 속에서 곰팡이 같은 미생물과 협력해 영양분을 획득하고 물질 순환에 참여하고 있습니다. 숲의 복잡한 생태를 더욱 풍부하게 만드는 연결고리 역할을 하는 것이죠.

우리나라 숲에는 수정난풀 말고도 생태계에 다양성을 더하는 보석 같은 생명체들이 더 있습니다. 그중 하나가 바로 구상나무입니다. '살아서 100년, 죽어서 100년'이라는 별명을 가진 나무지요. 그 이유가 뭘까요? 이 나무는 고산지대의 척박한 환경에서 살아갑니다. 그럼에도 100년 이상을 살 수 있는 장수목이죠. 더 놀라운 점은 죽은 뒤에도 바로 썩지 않고 오랜 시간 서서히 분해되면서 곰팡이나 곤충, 이끼 등의 생물에게 서식지를 제공하고, 이들이 만든 영양분을 토양에 되돌려 보냅니다.

이렇게 살아서도, 죽어서도 생태계 순환에 크게 이바지하는 구상나무가 안타깝게도 현재 멸종위기종으로 분류되고 있습니다. 한라산과 지리산의 구상나무가 집단으로 말라죽고 있다는 보고도 이어지고 있죠. 국립공원연구원에 따르면 그 주된 원인은 기후변화라고 합니다. 겨울철 기온 상승으로 눈이 덜 내리게 되고, 그로 인해 눈이 녹아 토양에 스며드는 물의 양이 급격히 줄어들면서 구상나무 생장에 타격을 주고 있다는 것이죠. 구상나무가 주로 자생하는 해발 1,500~2,500미터 사이의 아고산대(亞高山帶)는 일반 저지대보다 기온 변화에 훨씬 민감하고, 고온·건조·이산화탄소 농도 증가 등 다양한 환경 변화에 취약합니다. 최근 연구는 아고산대에서 이런 변화가 두드러지게 나타나고 있다는 사실을 보여주고 있습니다.

지금도 숲속 깊은 곳에는 우리가 미처 몰랐던 생존을 위한 치열한 드라마가 펼쳐지고 있습니다. 수정난풀과 구상나무는 각기 다른 방식으로 숲의 생태계를 지탱하고 있는 존재들입니다. 수정난풀은 빛을 포기하는 대신 어둠 속에 뿌리내리는 방식으로 적응했고, 구상나무는 느리게 살아가며 죽어서도 자연에 기여하는 법을 터득했죠. 다음에 숲을 거닐다 이들 식물을 만난다면 의미있게 바라봐주세요. 그 존재들은 다양하고 기발한 방식으로 숲의 생명 순환을 지켜내고 있으니까요.

13. 몸무게 7톤 코끼리의 발 건강, 괜찮을까?

코끼리는 뭍에 사는 동물 중에서 가장 큽니다. "코끼리 아저씨는 코가 손이래~"라는 노랫말대로 자유로이 움직일 수 있는 긴 코가 상징인 코끼리는 동물원의 아이콘이라 할 수 있죠. 코끼리는 포유류 중에서도 드물게 털이 적은 동물입니다. 대신 살가죽은 두껍죠. 그런데 코끼리 발에 대해 좀더 생각해봅시다. 우리도 발 건강이 중요하잖아요. 최대 7톤에 달하는 육중한 체구를 떠받치는 코끼리 발은 어떻겠어요? 갑자기 그 엄청난 무게를 버텨야 할 코끼리의 발 건강이 걱정되지 않나요?

코끼리 다리는 견고한 기둥 같고 발은 편평해 보입니다. 발 하나는 마치 자동차 타이어만큼이나 크고 두툼해서, 걷는 소리가 거의 나지 않을 정도입니다. 거친 지형에서도 상처가 나지 않도록

 두꺼운 피부로 뒤덮여 있고 땅에서 미끄러지지 않도록 작은 돌기들이 나 있죠. 그런데 말이죠, 우리가 더 주목해서 봐야 할 부분은 바로 코끼리 발의 구조입니다. 7톤의 육중한 동물이 지나간 자리는 깊게 팰 것 같은데, 의외로 물컹한 토양에서도 푹푹 꺼지지 않아요. 심지어 서식지를 훼손하지 않을 정도로 섬세하게 걸어 다니거든요. 이런 일이 가능한 이유는 코끼리가 늘 까치발을 들고 있기 때문이랍니다. 하이힐을 신고 있다고 할 수도 있겠네요.

 여기서 잠깐 고개를 갸웃하는 분들이 있을 거예요. '하이힐을 신으면 땅도 더 깊이 파이고 발에도 안 좋은 거 아냐?' 맞습니다.

앞쪽으로 무게가 쏠리니 불안정할 수 있지요. 그런데 두꺼운 피부로 뒤덮인 코끼리 발속에는 두툼하고 푹신한 지방질 패드가 깔려 있습니다. 이게 쿠션 역할을 하고, 그속에는 겉으로 보이는 다섯개의 발가락 외에 여섯번째 발가락이 숨어 있습니다. 이 여섯번째 발가락은 '종자뼈'의 일종입니다. 종자뼈란 관절을 지나가는 힘줄에서 형성되어 힘줄이나 인대의 속에 있는 뼈를 말하는데, 대표적인 예로 사람 무릎뼈를 들 수 있죠. 종자뼈는 보통 뼈와 힘줄의 마찰을 줄여 운동을 편하게 하는 기능을 합니다. 코끼리는 발바닥에 숨겨진 두툼한 지방과 발뒤꿈치를 받쳐주는 여섯번째 발가락 덕분에 체중을 고르게 분산시키며 걸을 수 있습니다.

코끼리의 여섯번째 발가락은 코끼리 발목에 연결된 종자뼈에서 자라나 발 뒤쪽으로 향하는 일종의 받침대 역할을 합니다. 길이가 5~10센티미터 정도인 이 뼈의 존재는 이미 1700년대 초반에 발견됐지만 쓸모없는 연골 조각으로 여겨졌는데요, 패트릭 블레어(Patrick Blair)라는 스코틀랜드의 외과 의사이자 해부학자가 쓴 당시의 논문에 그 내용이 나와 있습니다. 그는 죽은 코끼리를 해부해 논문에 자세히 묘사해놓았어요. 그의 그림에서 코끼리는 까치발을 하고 서 있고 종자뼈도 그려져 있습니다. 그러나 그 뼈의 역할은 오랫동안 베일에 가려져 있었는데요, 300년이 지난 21세기 초반에 마침내 제 기능이 밝혀졌습니다.

첫 발견 이후 이렇게 오랫동안 종자뼈의 기능이 밝혀지지 않은 이유는 살아 있는 코끼리의 발을 연구하기가 너무 어렵기 때문이었죠. 이것은 지금도 여전히 어려운 일인데, 코끼리는 워낙 거대한 동물이라 완전히 마취한 채 연구하기도 어렵고, 안전한 강도의 엑스레이와 초음파는 두툼한 코끼리 발을 잘 통과하지 못한다고 합니다. 결국 코끼리를 해치지 않고 발 내부 구조를 관찰할 수 있는 유일한 방법은 사체 해부뿐인 거죠.

2011년 12월, 유명 학술지 『사이언스』(Science)에 「평발에서 두툼한 발까지: 코끼리 여섯번째 발가락의 구조와 발생, 진화」라는 제목의 논문이 실렸습니다. 연구진은 동물원에서 죽은 코끼리 발을 60개 넘게 관찰했습니다. 3년에 걸쳐 해부 및 조직 분석은 물론이고, 컴퓨터 단층촬영(CT), 전자 현미경 관찰 등 할 수 있는 모든 것을 다했죠. 그 결과 발의 나머지 뼈가 굳어지고 몇년이 지난 후, 막대 모양 연골이 천천히 뼈로 변형되어 여섯번째 발가락으로 발달한다는 사실을 발견했습니다. 아울러 CT 스캐너 안에 발을 두고 그 위에 무게를 실어본 결과, 여섯번째 발가락이 힘을 받으며 기둥 역할을 한다는 사실도 확인했습니다. 마치 까치발을 딛고 선 모습인데, 이 덕분에 지탱해야 할 몸무게가 분산된다고 추정했습니다. 또 코끼리가 자라면서 몸무게가 늘어나면 이 발가락 또한 점점 단단해진다는 사실도 발견했습니다. 코끼리 발가락의 구조와 작동원리를 종합적으로 분석하고 밝혀낸 매우 중요한 연구였죠.

하지만 이 연구 결과에 대한 반론도 만만치 않습니다. 왜냐하면 연구진이 관찰한 코끼리들은 모두 동물원 같은 환경에서 인간에 의해 사육되고 있었거든요. 따라서 자연환경에서 살아가는 코끼리는 이런 발 모양을 갖지 않을 수도 있다는 지적이 제기됐어요. 몸에 맞지 않는 인공 환경에서 살아가던 코끼리들이 일종의 정형외과 질환을 앓게 된 것이고 그 결과 우연히 나타난 기형 구조일 뿐 야생의 코끼리는 발 모양이 다를 것이라는 의견이었죠. 연구진도 이런 지적에 동의하고 야생 코끼리를 직접 관찰하는 연구도 필요하다고 밝혔습니다. 그래도 60여마리가 넘는 코끼리들에게서 모두 이런 구조가 발견되었다면, 그게 기형이라기보다는 여섯번째 발가락이 존재한다는 주장에 무게가 실리는데, 여러분 생각은 어떤가요? 사실이 무엇이든, 코끼리의 생육 환경이 개선되어야 한다는 건 틀림없습니다.

대중매체에서 종종 접하곤 하는 사육 코끼리 학대 실태나 남획으로 인한 야생 코끼리의 멸종위기 소식들을 들을 때마다, 저는 생물학자로서 기분이 착잡해지곤 합니다. 인간 때문에 코끼리 상아가 점점 작아지고 있대요. 코끼리를 사냥하는 가장 큰 이유가 상아를 얻기 위해서인데, 값어치가 있는 큰 상아를 가진 코끼리를 많이 사냥하기 때문이라고 합니다. 상아가 크다는 건, 결국 그 코끼리가 그렇게 발현되는 유전자를 갖고 있다는 거잖아요. 이런 유전자를 가진 코끼리들이 희생되어서 자손을 남기지 못하게 되면 상대적으로 상아가 작은 코끼리 유전자가 그 다음 세대로 더 많이 가겠죠. 이런 일이 반복되고 시간이 흐르면 어떤 결과가 나타날까요? 이미 드러나고 있듯이 상아가 작은 코끼리가 점점 늘어나겠죠.

2021년 세계자연보전연맹(IUCN)은 개체수가 줄어들면서 이제까지 '취약' 등급이던 아프리카 코끼리의 멸종위기 등급을 '위급'으로 상향 조정했습니다. 19세기 초만 해도 약 270만마리에 이르던 아프리카 코끼리의 숫자는 2016년 조사에서는 거의 6분의 1로 줄어 41만마리만 남게 됐죠. 코끼리의 생존 위기는 이 지구상에서 하나의 생명이 사라진다는 감상적인 문제에 그치지 않습니다.

코끼리는 단순히 거대한 초식동물이 아닙니다. 최근 생물학자들은 코끼리가 열대우림의 구조와 기능, 나아가 지구의 탄소 순환에까지 깊이 관여하고 있다는 사실을 밝혀내고 있습니다. 코끼리는 목질이 부드러운 나무의 잎을 즐겨 먹습니다. 먹기도 쉽고 소화도 잘되기 때문입니다. 반대로 목질이 질긴 나무는 잘 먹지 않습니다. 이런 식성은 숲의 나무 구성에 적지 않은 영향을 줍니다. 코끼리가 상대적으로 연약한 나무들을 집중적으로 먹으면 단단한 나무들이 살아남기 쉬운 환경이 조성되고 생장이 활발해집니다.

여기서 중요한 개념이 바로 '목질 밀도'와 '탄소 저장량'입니다. 나무는 광합성을 하며 이산화탄소를 흡수하고, 그 탄소를 줄기와 가지 등의 목질 조직에 저장합니다. 같은 부피의 나무라도 목질이 단단하고 치밀할수록 더 많은 탄소를 담을 수 있습니다. 목질 밀도가 높은 나무일수록 탄소 저장 능력이 더 뛰어난 셈이죠. 코끼리는 의도치 않게 탄소를 많이 저장할 수 있는 단단한 나무들이 잘 자라도록 숲을 가꾸고 있는 셈입니다.

또 하나 중요한 역할은 씨앗 퍼뜨리기입니다. 코끼리는 열매가 크고 무거운 나무의 씨앗을 멀리까지 옮겨주는 능력이 있습니다. 바람이나 작은 동물로는 퍼지기 어려운 씨앗이 코끼리 덕분에 숲의 다른 곳에서도 발아할 수 있게 되는 것이죠. 코끼리의 똥은 그 자체로 비옥한 토양이 되어 씨앗에게 좋은 출발점이 되어줍니다. 이런 과정을 통해 코끼리는 숲의 생물다양성을 유지하고, 동시에 고밀도 나무의 개체수를 늘려 탄소 저장량도 높입니다.

2023년 『미국 국립과학원회보』에 발표된 논문에 따르면, 코끼리가 멸종될 경우 아프리카의 열대우림은 다양성이 줄어들고 탄소 저장 능력이 약화되어 지구온난화를 더욱 가속할 수 있다고 합니다. 코끼리의 발 건강을 걱정하다보니 어느덧 지구상의 모든 코끼리를 걱정하게 되었네요. 이제는 인류가 머리를 맞대고 기후 위기 속에서 이 착하고 유능한 동물을 지킬 방법을 하루빨리 찾아내야 할 때입니다.

여러분의 생각은?
- ☑ 하이힐을 신은 것 같은 코끼리의 발 구조만으로 그 무게를 견딜 수 있을까? 다른 신체 구조적 비밀은 없을까?
- ☑ 혹시 동물원이나 보호구역 등 인간이 만든 딱딱한 바닥 환경이 코끼리 발을 변화시킨 것은 아닐까?
- ☑ 인간의 개입이 동물의 진화 방향을 바꿀 수도 있을까? 있다면 어떤 사례가 있을까?
- ☑ 상아가 작거나 아예 없는 코끼리가 늘어나면 생태계에 어떤 영향이 있을까?
- ☑ 우리가 코끼리 보호를 위해 할 수 있는 일은 무엇이 있을까?

2장 | 인간, 가장 흥미로운 존재

우리 자신을 둘러싼 과학적 실험과 논쟁들

1. 왜 10명 중 9명은 오른손잡이일까?

    영화 「가디언즈 오브 갤럭시」(Guardians of the Galaxy)에는 '로켓 라쿤'(Rocket Raccoon)이라는 캐릭터가 등장합니다. 여기서 라쿤(raccoon)은 미국너구리를 뜻하는데요, 우리가 알고 있는 너구리와 미국너구리는 완전히 다른 종이라는 사실을 알고 계셨나요? 분류학적으로 미국너구리는 너구리과, 우리나라에 사는 너구리는 개과예요. 영어로는 Korean Raccoon Dog라고 불리거든요. 발을 한번 볼까요? 너구리 발바닥은 개 발바닥과 비슷하게 생겼는데 라쿤은 언뜻 인간 손처럼 보여요. '라쿤'이라는 이름도 손과 관계가 있어요. 북미의 원주민 언어인 포우하탄어(Powhatan)의 'arathkone'이라는 단어에서 유래한 이름인데 '냄새를 찾는 손'이라는 뜻이라고 합니다. 너구리보다 라쿤이 훨씬 더 정교한

라쿤 라쿤의 발은 인간의 손처럼 다섯개의 발가락이 아주 잘 발달해서 언뜻 사람이 손을 편 것처럼 보이기도 합니다.

손가락을 갖고 있어서 먹이를 물에 씻어 먹기도 한답니다. 손가락이 무척 예민해서 얕은 물에 손가락을 넣고 있다가 먹잇감이 다가오면 재빨리 낚아채버리죠. 손의 정교함을 논할 때, 지구상의 어떤 종과도 견줄 수 없는 것이 바로 인간의 손입니다.

　라쿤의 대단한 손 얘기가 나온 김에, 인간의 손이 얼마나 대단한지도 얘기해볼까요? 우리 몸의 뼈는 총 206개입니다. 그런데 하나의 손을 이루는 뼈만 27개이고 양손을 다 합치면 54개예요. 206개의 뼈 중에 무려 54개의 뼈가 손에 있다면, 온몸에 있는 뼈의 4분의 1이 손에 몰려 있는 셈이잖아요? 그만큼 손은 정교하게 구조화되어 있고 그 신경망도 아주 섬세하게 발달해 있어요. 머리카락 한올만 스쳐도 느낄 만큼 아주 예민한 부분이고 땀샘도 많습니다. 땀은 체온을 조절하는 역할도 하지만 손에 적당히 땀이 나면 미끄러지지 않고 편하게 물건을 잡거나 옮길 수 있지요.

인간의 손에서 빼놓을 수 없는 특징이 또 하나 있습니다. 바로 엄지가 나머지 네 손가락과 모두 맞닿을 수 있다는 겁니다. 그 어떤 동물에게도 이런 능력은 없습니다. 우리와 겉모습이 가장 비슷한 유인원류도 불가능한 일입니다. 이 점이 왜 중요하냐고요? 2021년에 재밌는 연구 결과가 발표되었습니다. 화석과 유전자 분석을 통해 손가락의 진화와 손재주 사이의 연관성을 밝혔거든요. 이 연구에서는 엄지손가락을 다른 손가락과 맞닿을 수 있는 인류의 능력이 대략 200만년 전쯤 발현된 것 같다고 추정했죠. 오스트랄로피테쿠스의 경우 가능하긴 했지만 힘이 굉장히 약해서 그다지 유용한 능력은 아니었을 거라고 추측하면서요. 굉장히 흥미로운 이야기죠?

그런데 진화라는 건 항상 얻는 게 있으면 잃는 게 있어요. 우리는 진화를 거듭한 끝에 굉장히 정교하고 섬세한 손을 얻게 됐습니다. 엄청난 손재주도 갖게 됐죠. 대신 우리는 강인하고 튼튼한 손을 잃었습니다. 책상에 앉아 오래 공부하거나 일하는 현대인들에게 손이 저리고 아픈 증상으로 나타나는 손목터널증후군은 고질적인 질병이잖아요. 어렸을 때 피구나 농구를 하다가 손이 삐어본 경험도 있을 거예요. 반면 동물의 앞다리는 강인한 구조로 되어 있어서 우리처럼 쉽게 삐거나 약해지지 않아요. 복잡한 동작보다는 빠르게 달리고 단단하게 지탱하는 데 특화되어 있거든요.(혹시 손 삔 라쿤이나 손목터널증후군을 앓는 원숭이 이야기를 들어본 적 있나요? 있다면 저에게 제보해주세요.)

자, 다시 로켓라쿤 이야기로 돌아가봅시다. 로켓은 손에 관한 또다른 질문거리를 주거든요. 영화 속 로켓은 오른손잡이로 보입니다. 로켓 캐릭터를 만든 디자이너는 자연스럽게 로켓을 오른손잡이로 설정했을 거예요. 인간에 비추어봤을 때 대부분이 오른손잡이니까요. 오늘날 인류의 열명 중 아홉명이 오른손잡이라고 할 정도죠. 그렇다면 왜 우리는 높은 확률로 오른손잡이일까요?

자, 논리적으로 질문을 거듭하면서 답을 찾아봅시다. 우선 오른손잡이든 왼손잡이든 둘 중 하나가 되려면, 무엇보다 손을 자유롭게 쓸 수 있어야 합니다. 다시 말해 두발걷기가 가능해야 왼쪽이든 오른쪽이든 선호가 생기게 되죠. 그러면 이런 궁금증이 생겨요. 네발 동물에게도 왼쪽이나 오른쪽에 대한 선호가 있을까요? 발을 손처럼, 손을 발처럼 쓰는 유인원들 있죠? 사실상 네발 동물들이죠. 이들에게 왼쪽 오른쪽에 대한 선호는 반반입니다.

우연히 절반은 왼쪽 앞발을, 절반은 오른쪽 앞발을 쓴다는 것이죠. 고양이나 개도 반반이고, 침팬지나 오랑우탄 같은 인간과 가까운 유인원들도 많아야 65퍼센트 정도가 오른손잡이예요. 대부분 이렇게 균등한 비율로 나뉘고 인간처럼 극단적으로 한쪽 쏠림 현상을 보이는 종은 없습니다. 그런데 왜 인간은 유독 9대1 비율까지 가게 됐을까요?

인류학자들이 여기에 답하기 위해 아주 재미난 가설을 세우고 조사해봤습니다. 석기시대의 도구들을 조사하면 오른손잡이와 왼손잡이의 비율을 어느정도 추정할 수 있다고 봤어요. 뗀석기건 간석기건 왼손잡이냐 오른손잡이냐에 따라 그 각도나 모양이 다를 거라는 추측이죠. 왼손잡이 가위와 오른손잡이 가위의 모양이 다른 것처럼요. 이런 가설을 세우고 왼손잡이가 만든 석기와 오른손잡이가 만든 석기 모형을 만든 후, 석기시대 유물 중 왼손잡이와 오른손잡이의 석기 모양을 비교해보니 거의 그 수가 비슷하게 나왔어요. 놀라운 것은 갑자기 약 60만년 전부터 오른손잡이의 석기들이 많이 발견되면서 한쪽으로 쏠림현상이 확인됐다는 거예요. 그 무렵부터 오른손잡이의 세상이 시작된 거죠. 이런 인간의 편측성(lateralization)은 어떻게 나타나게 됐을까요?

그 원인을 우리의 뇌에서 찾아볼 수 있다는 설득력 있는 가설이 있습니다. 잘 알려진 대로 우리 좌뇌는 신체의 오른쪽을, 우뇌는 신체의 왼쪽을 관장하지요. 이건 다른 포유류나 심지어 어류에서도 발견되는 일반적인 특성입니다. 그런데 말이죠, 인간이 다른 동물들과 구분되는 것 중 하나가 아주 정교한 언어를 쓴다는 사실입니다. 물론 동물들도 기본적인 시그널로 소통을 하지요. 고래가 초음파로 소통한다는 사실은 잘 알려져 있고, 집에서 우리와 함께 살아가는 고양이나 개도 나름의 울음소리나 표정으로 인간과 공감을 할 수 있잖아요? 하지만 우리처럼 엄청난 어휘와 복잡한 문법을 갖춘 언어를 사용하진 않아요.

여기서 주목할 점은 언어를 담당하는 중추가 대부분 좌뇌에 있다는 사실입니다. 이를 바탕으로 제시되는 가설이 하나 있습니다. 60만년 전쯤 구체적으로 대상을 지시할 수 있는 원시언어를 사용하기 시작하면서 언어를 관장하는 좌뇌가 더 활발히 발달했고, 이와 함께 좌뇌가 지배하는 오른손 사용이 우세해졌다는 추정입니다. 오늘날 오른손잡이 쏠림현상을 설명하는 유력한 가설 중 하나죠.

그런데 잠깐, 여기서 호기심의 끈을 놓지 마세요. 멈추면 아쉬워지니까요. 한발짝만 더 나아가 질문을 던져봅시다. 오른손잡이가 진화에 유리했다면, 인류의 10퍼센트를 이루는 왼손잡이는 어떻게 살아남을 수 있을까요? 흥미로운 가설 중 하나는, 바로 '왼손잡이의 희소성'이 전략적 이점이 되었다는 것입니다.

세계 최강의 복서 중에 필리핀의 매니 파퀴아오(Manny Pacquiao)라는 선수가 있습니다. 복싱 역사상 유일하게 8체급에서 세계 챔피언 벨트를 거머쥔 선수입니다. 2021년 은퇴를 선언했던 파퀴아오는 2025년 다시 링 위로 돌아왔습니다. 그의 복귀전은 마리오 바리오스(Mario Barrios)와의 WBC 웰터급 타이틀전이었지요. 결과는 두명의 심판이 무승부를, 한명의 심판이 바리오스의 승리를 채점한 '다수결 무승부'(majority draw)였습니다. 공식 기록상 패배는 아니었지만, 도전자에게는 타이틀을 가져오지 못한 아쉬운 결과로 남았습니다. 그래도 대단하죠? 이 선수는 왼손잡이 복서, 일명 '사우스포'(southpaw)였습니다. 그는 오른손잡이 복서들, 다른 말로 정통적인 스텝과 잽을 구사하는 '오소독스'(orthodox) 선수들에게 익숙지 않은 방향과 거리감의 왼손 주먹을 날리곤 했습니다. 남들과 다른 점이 파퀴아오의 강력한 무기가 된 거죠. 스포츠 경기에서 이런 사례는 많습니다. 야구에서도 강력한 우타자를 상대할 때는 좌투수를 투입하는 전략을 널리 사용하죠. 이처럼 왼손잡이는 드물어서 전략적 우위를 가질 수 있었고, 이것이 곧 생존에 유리한 요소로 작용했을 가능성이 있습니다.

사실 세계 여러 문화에서 오른쪽은 곧 '옳다'는 의미로 통합니다. 우리말에서 오른손을 '바른손'이라고도 부르고, 영어의 right

역시 '오른쪽'이자 '옳다'는 뜻을 함께 가지고 있죠. 프랑스어 gauche는 '왼쪽'을 뜻하지만 '서툰'이라는 부정적인 의미도 있고, 러시아어에서는 '왼쪽으로 간다'는 말이 '바람을 피운다'는 뜻으로 쓰이기도 합니다.

그래서였을까요. 최근까지도 많은 부모가 왼손잡이 자녀를 오른손잡이로 교정하려 했습니다. 고른 두뇌 발달을 위해서라는 이유도 있었지만, 글씨를 쓰면 다른 사람과 팔이 걸리기 쉽고, 가위를 비롯한 손으로 사용하는 도구 대부분이 오른손잡이를 위해 설계되어 있어서 일상생활의 불편함을 줄여주려는 목적도 있었죠.

이처럼 오른손잡이가 다수인 세상에서 오른손을 위한 도구나 규범이 표준이 되고, 결국 '오른쪽이 옳다'는 인식이 굳어졌습니다. 하지만 과학적으로 살펴보면 오른손잡이와 왼손잡이는 신경 발달의 다양성에서 비롯된 자연스러운 생물학적 특성일 뿐입니다. 어느 쪽이 더 옳거나 바람직하다는 기준은 과학적으로도, 윤리적으로도 의미가 없습니다. 왼손잡이냐 오른손잡이냐를 따지는 것보다 더 중요한 건 우리가 서로의 특징과 개성을 존중하고, 차이에서 배우며 살아가는 태도가 아닐까 합니다. 오른손잡이와 왼손잡이에 대한 생물학적 앎에서 더 나아가, 인종과 계급·성별·나이 등 인간 사회에 존재하는 다양한 차이에 대해서도 열린 태도로 생각의 폭을 넓혀보면 어떨까요?

Q. 왼손잡이의 생존 전략은?

 응, 토론하자!

인류의 10퍼센트를 차지하는 왼손잡이는 어떻게 살아남았을까요? 스포츠나 전투에서는 왼손잡이가 유리한 경우도 있습니다. 그렇다면 왼손잡이가 불리한 것만은 아니겠네요.

생각해볼 포인트
- ☑ 왼손잡이가 인구의 일정 비율을 유지하는 이유는 무엇일까?
- ☑ 왼손잡이가 특정 분야에서 강점을 보이는 이유는?
- ☑ 오른손잡이가 주도하는 세상과 왼손잡이가 주도하는 세상은 많이 다를까? 만약 다르다면 왜 그럴까?

2. 코는 하나인데 콧구멍은 왜 두개?

거울을 보다 문득 이런 생각을 해본 적 있나요? "눈과 귀는 두 개, 입과 코는 하나. 그런데 코는 하나인데 콧구멍은 왜 둘일까?"라고 말입니다. 탈무드에서는 입이 하나이고 귀가 두개인 이유를 이렇게 말해요. 남의 말을 많이 듣고 내 말은 적게 해야 하기 때문이라고요. 아주 교훈적인 이야기죠? 그렇다면 이제 생물학적인 이유에 주목해봅시다.

일단 두 눈과 두 귀의 생물학적 쓸모부터 떠올려보죠. 눈을 한쪽만 뜨면 사물의 크기나 색깔, 생김새는 가늠할 수 있지만 입체감이나 거리감은 정확히 파악하기 어렵습니다. 수영하다가 오른쪽 귀에 물이 들어가서 먹먹해지면 오른쪽에서 말하는 사람의 목소리가 잘 안 들리기도 하죠. 이렇게 두 눈과 두 귀의 쓸모는 우리의 일상 경험 속에서도 충분히 드러납니다. 각각 둘인 덕분에 눈은 원근감과 입체감을 확보할 수 있고, 귀는 소리 방향을 파악할 수 있습니다.

그럼 콧구멍은 왜 두개일까요? 기능만 놓고 보자면, 입처럼 큰 콧구멍 하나가 작은 콧구멍 두개보다 더 나을 것 같기도 합니다. 실제로 큰 구멍 하나가 공기 흐름에 대한 저항이 덜해서 공기역학적으로 더 유리하다고도 하거든요. 게다가 공기가 코를 지나 허파꽈리(폐포)까지 도달하는 전체 경로를 살펴보면 코 부위가 전체 공기 흐름 저항의 약 3분의 1을 차지한다고 합니다. 그러니 콧구멍에서 공기저항을 줄일 수 있다면 호흡이 더 편해질 수도 있겠죠. 그런데도 우리는 왜 작은 콧구멍 두개가 나란히 있는 얼굴로 진화해온 걸까요? 단순히 우리 몸이 좌우대칭 구조이기 때문이라고 생각할 수도 있겠지만, 그건 겉모습에 한정된 이유입니다. 사실 콧구멍이 두개인 데는 숨 쉬는 기능뿐 아니라 후각·점막 보호·감염 방어 등 복합적인 생물학적 이유가 숨어 있습니다. 자, 이제 그 이유를 하나씩 살펴보겠습니다.

우선 간단한 실험을 하나 해볼까요? 한쪽 콧구멍을 손으로 살짝 막고 편안하게 숨을 쉬어보세요. 그리고 공기가 얼마나 잘 흐르는지 숨의 강도를 느껴보세요. 다음으로 다른 쪽 콧구멍을 똑같이 손으로 막고 숨을 내쉬어보세요. 어떠세요? 아마 각각의 콧구멍으로 숨을 내쉴 때 흘리기는 공기의 양이 다르다고 느낄 거예요. 그리고 네시간쯤 지난 뒤에 똑같은 동작을 해보세요. 아마 각 콧구멍 속을 흐르는 공기의 세기가 서로 바뀌어 있을 겁니다.

사실 우리 코는 오른쪽과 왼쪽이 번갈아가며 좁아집니다. 이를 비강 교대 주기(nasal cycle)라고 하는데, 자율신경계의 조절 아래 보통 네시간에서 열두시간 간격으로 콧속 혈관이 수축과 이완을 반복하면서 생기는 현상입니다. 달리 말하면 양쪽 콧구멍이 교대로 휴식을 취한다고 말할 수도 있어요. 코는 24시간 돌아가는 연중무휴 송풍기나 마찬가지거든요.

혹시 '비중격만곡증'이라는 질환을 들어보셨나요? 우선 어렵게 느껴지는 한자말을 하나하나 뜯어봅시다. 비중격(鼻中隔)은 비강(鼻腔), 즉 콧속 공간을 중앙에서 좌와 우로 나누어주는 칸막이벽을 뜻합니다. 만곡증(彎曲症)이라는 건 무언가 곡면으로 휘어 있어서 생기는 증상을 의미하죠. 즉 비중격만곡증이란 콧속 중간에 놓여 있는 칸막이벽이 휘어 있어서 공기가 제대로 드나들지 못하게 되는 증상입니다. 사실 인간 대부분은 비중격이 완전히 반듯하지는 않다고 해요. 특히 비중격이 왼쪽으로 아주 살짝 굽어 있는 경우가 많아서 비중격만곡 자체를 병이라 부르기는 어렵습니다. 그런데 그 정도가 심하면 코막힘이나 콧물이 코 뒤로 넘어가는 증상(후비루), 머리가 무겁게 느껴지거나(두중감), 후각 장애, 수면 장애 등을 유발할 수 있죠. 이런 증상이 지속된다면 이비인후과를 방문해 정확한 진단과 치료를 받는 것이 좋습니다.

한쪽으로 누워 자다가 어느순간 한쪽 코가 막힌 듯 답답해져서 잠에서 깬 경험, 다들 있죠? 왼쪽으로 누우면 왼쪽 코가, 오른쪽으로 누우면 오른쪽 코가 더 막히는 느낌이 들죠. 몸이 눕는 방향에 따라 아래쪽 콧속에 혈액이 더 몰리면서 콧속 조직이 부풀어 공기 흐름이 줄어들기 때문입니다. 특히 감기에 걸렸을 땐 이미 점막이 부어 있으니 더 심하게 한쪽 코가 막힌 느낌이 들기도 하죠. 이런 상황에서도 숨쉬기가 가능한 데엔 이유가 있습니다. 양쪽 콧구멍이 교대로 조절되는 생리적 시스템 덕분이죠. 몸은 자동으로 한쪽 콧구멍을 쉬게 하고, 다른 쪽을 더 활짝 열어 공기 흐름을 유지합니다. 이처럼 콧구멍이 두개인 구조는, 일상적인 호흡은 물론 감염 상황에서도 안정적인 호흡을 가능하게 해주는 장치인 셈입니다. 감기에 걸려도 양쪽 코가 동시에 다 막히는 법은 없잖아요.

코막힘의 주요 원인 중 하나는 염증입니다. 말하자면 우리 몸의 방어 반응, 즉 면역 반응이죠. 한쪽 콧속에 바이러스 같은 병원체가 침입하면, 몸은 그 부위에 혈류를 집중시켜 면역세포를 보내고, 이로 인해 점막이 붓고 염증이 생깁니다. 이때 우리는 코가 막힌 듯한 답답함을 느끼게 되는 거죠. 코막힘은 온도와도 관련이 있는데요. 보통 우리 체온이 36.5도라고 하지만 콧속 피부의 온도는 평균 33도 정도로 더 낮습니다. 공기가 계속 들락날락하니까 몸의 다른 곳보다 체온이 조금 낮은 편이죠.

 일반적으로 감기 바이러스는 약 32도에서 가장 잘 증식합니다. 그런데 염증이 생긴 부위에는 혈류가 몰리면서 국소적으로 열이 발생하고, 콧속 온도는 최대 37도까지 올라갈 수 있습니다. 이렇게 되면 바이러스의 증식은 억제되지요. 그러니까 우리가 코가 막혔다고 느끼는 불편함이, 사실은 몸이 바이러스를 퇴치하기 위해 구사하는 방어 전략인 셈입니다. 다행인 점은 한쪽 코가 막히더라도 다른 쪽 코가 뚫려 있다는 거죠. 덕분에 우리는 큰 문제없이 숨 쉴 수 있습니다. 이렇게 생각하면 우리에게 콧구멍이 한개가 아니라 두개인 게 참 다행으로 느껴집니다. 물론 이것은 결과를 바탕으로 한 진화론적 추론입니다. 참고로 이런 추론에서는 '무엇을 위해 무엇이 생겨났다'는 식의 목적론적 설명이 아니라, '그 특성이 생존과 번식에 더 유리했기 때문에 지금까지 남아 있게 되었다'는 결과론적 해석을 따릅니다.

 우리 코의 독특한 점이 또 하나 있습니다. 바로 얼굴에서 돌출된 채로 땅을 향해 열려 있다는 점입니다. 다른 포유류의 코를 한번 볼까요? 강아지와 오랑우탄의 코를 보면, 마치 벽에 구멍을 뚫어놓은 것처럼 콧구멍이 정면을 바라보고 있죠. 이건 인간이 직

립보행에 적응한 결과라고 할 수 있습니다. 콧속을 한번 봅시다. 서서 걷는 인간의 콧속으로 공기가 들어오면 곧바로 직각으로 꺾입니다. 그럼 공기 흐름의 속도가 확 줄어들겠죠? 그리고 잘 알다시피 우리 모두의 콧속에는 털이 있습니다. 공기 중의 먼지나 병원체를 걸러주는 일종의 생물학적 필터 역할을 하죠. 코에 들어온 공기의 속도가 줄어들면 그만큼 코라는 필터의 여과 효율이 높아지는 겁니다.

질병관리청 자료에 따르면 70킬로그램의 몸무게를 가진 성인 남성의 경우 숨 쉬는 호흡량이 하루에 약 2만 2천 리터에 달한다고 합니다. 이게 어느 정도 부피냐면, 고속도로를 달릴 때 심심치 않게 만날 수 있는 큰 유조차들 보신 적 있죠? 그 차들이 싣고 다니는 커다란 기름탱크를 꽉 채울 수 있을 정도의 공기를 우리가 매일 코로 들이마시고 있다는 거죠. 이렇게 큰일을 하려면 연중무휴 송풍기인 콧구멍도 근무시간과 휴식시간의 순환이 잘 이루어져야 하지 않겠어요? 두개의 콧구멍은 서로 교대근무를 하면서 지치지 않고 우리의 생명활동을 지원해주고 있는 셈입니다.

Q. 인간의 콧구멍이 하나였다면 어땠을까?

생각해볼 포인트

☑ **호흡 효율**
- 콧구멍이 하나면 공기 흐름이 더 원활할까, 아니면 불편할까?
- 숨쉬기가 더 쉬워지거나 어려워질 가능성이 있을까?

☑ **건강과 면역**
- 감기에 걸렸을 때 콧구멍이 하나면 더 불편할까?
- 한쪽이 막혀도 다른 쪽으로 숨을 쉴 수 있는 현재 구조가 더 유리할까?

☑ **진화적 이유**
- 포유류 중 콧구멍이 하나인 동물이 있을까?
- 인간의 직립보행과 콧구멍의 개수는 어떤 관계가 있을까?

3. K놀이는 어떻게 두뇌와 몸을 동시에 단련할까

K-POP이 빌보드 차트를, K드라마는 넷플릭스 순위를 뒤흔들며 이제는 한국의 문화가 세계인의 즐거움이 되고 있죠. 비단 음악과 드라마만이 아닙니다. 한국의 전통놀이 역시 하나둘씩 조명을 받기 시작했어요. 그중 하나가 공기놀이입니다. 넷플릭스(Netflix) 시리즈 「오징어 게임」 시즌 2에서 공기놀이 장면이 공개되자마자 "이게 뭐야? 나도 해보고 싶어!"라는 댓글이 줄을 이었고, 틱톡(TikTok)에서는 공깃돌 던지기 챌린지가 유행처럼 번졌죠. 그래서 문득 궁금해졌습니다. 공기놀이를 생물학적으로 분석해보면 어떤 의미가 있을까요? 지금부터 생물학자의 시선으로 공기놀이의 숨은 매력을 들여다보겠습니다.

공기놀이는 방식이 참 간단해요. 공깃돌 다섯개를 바닥에 뿌리고, 하나를 충분히 위로 던져 올린 후 남은 돌들을 하나씩, 둘씩, 셋씩, 넷씩 차례로 주워야 하죠. 마지막에는 공깃돌 다섯개를 손등에 올렸다가 공중에 던진 다음 모두 한 손으로 받아내야 놀이 한판이 끝납니다. 그런데 말이죠, 이 단순한 놀이 안에는 생각보다 복잡한 신체 훈련이 포함되어 있습니다. 공기놀이를 하는 동안 손과 눈의 협응력, 손가락의 세밀한 근육 움직임, 빠른 반응 속도, 그리고 인지적 계획 능력까지 한순간에 총동원되는 셈이니까요. 특히 손가락을 반복해서 정교하게 움직이는 운동은 피아노 연습과도 비슷합니다.

이제 손의 움직임을 해부학 관점에서 살펴볼까요? 앞서 얘기한 대로 우리 몸을 이루는 전체 뼈의 4분의 1이 손에 몰려 있습니다. 그만큼 손은 인간이 구사할 수 있는 최고의 정교한 움직임을 구사합니다. (잠깐 샛길로 빠져볼까요? 오늘날 많은 일을 척척 해내는 생성형 AI가 인간의 손을 유독 완벽하게 그리지 못하는 이유도 손의 움직임 데이터가 워낙 다양하기 때문입니다. 천차만별의 움직임을 과도하게 학습하다보니 오히려 세부 묘사에 혼동이 생겨 뒤틀린 손 그림을 만들기 일쑤인 거죠.) 여기에 더해 손에는 수많은 감각신경과 운동신경이 밀집해 있습니다. 그래서 손을 쓰는 활동은 곧 뇌를 자극하는 활동이 됩니다.

그렇다면 공기놀이처럼 빠르게 움직이는 공깃돌을 눈으로 보고 손으로 잡는 과정에선 어떤 일이 벌어질까요? 일단 눈이 돌의 움직임을 포착하고 그 정보를 뇌가 재빨리 처리한 뒤, 손 근육에 즉각 지시를 내립니다. 즉 시각-인지-운동이라는 일련의 반응이 밀리초 단위로 눈 깜짝할 사이에 일어나는 셈입니다.

이런 반응의 중심에는 뇌가 있습니다. 이번엔 잠시 뇌 공부를 '찍먹'해볼까요? 우리 뇌는 좌반구와 우반구, 이렇게 두개의 반구로 나뉘어 있으며, 그 둘은 뇌량이라는 신경섬유 다발로 연결되어 있습니다. 대뇌 표면에는 이랑과 고랑이 복잡하게 얽혀 있고, 주요 고랑의 배열에 따라 전두엽·측두엽·두정엽·후두엽 네 부분으로 나뉩니다.

공기놀이를 잘하려면 눈앞에서 전개되고 있는 상황을 기억하고, 다음 단계에서 무엇을 어떻게 할지 재빨리 계획할 수 있어야 합니다. 이런 고차원적인 인지 능력을 담당하는 곳이 바로 대뇌반구의 앞쪽, 전두엽입니다. 전두엽은 계획과 판단·문제 해결·자기 통제·감정 조절 등 복잡한 정신 기능을 관장하며, 동시에 움직임을 계획하고 실행할 때에도 핵심적인 역할을 합니다. 공깃돌을 어떤 순서로, 어떤 타이밍에 집을지 판단하고 손을 움직이게 만드는 명령이 이곳에서 시작되는 것이죠.

한편 공깃돌의 위치를 정확히 파악하고 그 움직임을 실시간으로 추적할 때는 두정엽이 관여합니다. 두정엽은 뇌의 중앙에 있

는 부분인데요, 앞쪽 전두엽과 뒤쪽 후두엽 사이에 있습니다. 우리가 주변 세계를 이해할 때 신체감각과 공간지각을 담당합니다. 공기놀이를 할 땐 '일단 이 돌을 먼저 집고 저 돌은 나중에'라는 식으로 움직임의 순서를 판단합니다. 동시에 내 손과 돌 사이의 거리와 위치 관계를 계산해주는 역할도 하죠.

이쯤 되면 이런 생각이 들지 않으세요? '공기놀이를 자주 하면 머리가 좋아지지 않을까?' 실제로 국내 연구진이 2020년에 발표한 결과에 따르면, 손가락 운동이 인지 기능과 주의 집중력을 향상시킬 수 있다고 합니다. 65세 이상 노인을 대상으로 손가락을 개별적으로 움직이는 동작과 작은 물체를 집고 조작하는 활동을 주 3회, 한번에 30분씩 12주간 실시했습니다. 그러자 공기놀이 동작과도 유사한 이 운동을 반복한 참가자들에게 놀라운 변화가 있었습니다. 인지기능의 변화를 관찰하는 데 사용되는 한국판 간이정신상태검사인 K-MMSE 총점이 유의미하게 상승했거든요. 주의 집중력·산술 계산 능력·시공간 구성 능력 등이 전반적으로 향상됐고, 계산 속도와 정확도가 좋아진 것은 물론, 계산 오류도 눈에 띄게 줄어들었습니다.

이처럼 눈에 띄는 변화는 손가락 운동이 뇌에 긍정적인 영향을 미쳤다는 증거입니다. 손가락을 자주, 정교하게 움직일수록 뇌가 더욱 활성화되고 신경망 간 연결도 강화된다는 사실이 다시 한번 확인된 셈이죠. 또한 손가락 운동은 혈액순환을 촉진하고 스트레스 호르몬인 코르티솔(cortisol) 수치를 낮추는 효과도 있어 정신 건강에 긍정적인 영향을 줍니다.

이제는 공기놀이를 어린 시절의 단순한 추억으로만 보기엔 좀 아깝지 않나요? 사실 손의 움직임을 활성화하는 행동이면 모두 좋습니다. 손가락 스트레칭부터 피아노 연주, 그림 그리기, 뜨개질 그리고 공기놀이처럼 손을 섬세하게 쓰는 취미활동을 일상 속에 더해보세요. 분명 당신의 두뇌가 달라질 겁니다.

4. 모기는 왜 나만 물까?

같은 집에 사는데, 신기하게도 아내는 멀쩡하고 저만 늘 모기에 물립니다. 처음엔 우연인가 했는데, 매번 이러니까 슬슬 억울해지더라고요. 모기는 왜 꼭 저만 물까요? 최근 연구에 따르면 모기가 특정 사람에게 몰리는 건 단순한 우연이 아니라고 합니다. 우리 피부에 사는 미생물들이 만들어내는 냄새 때문이라는데요. 왜 어떤 사람은 잘 물리고 어떤 사람은 무사한지, 그 과학적인 이유를 알아봅시다.

미국 록펠러대학교 연구진은 어떤 사람이 모기에게 매력적인지를 알아보기 위해 흥미로운 실험을 진행했습니다. 64명의 참가자가 일정 시간 동안 팔에 스타킹 재질의 토시를 착용했고, 연구진은 이 토시에 밴 체취를 '양자 선택 냄새측정기'(two-choice

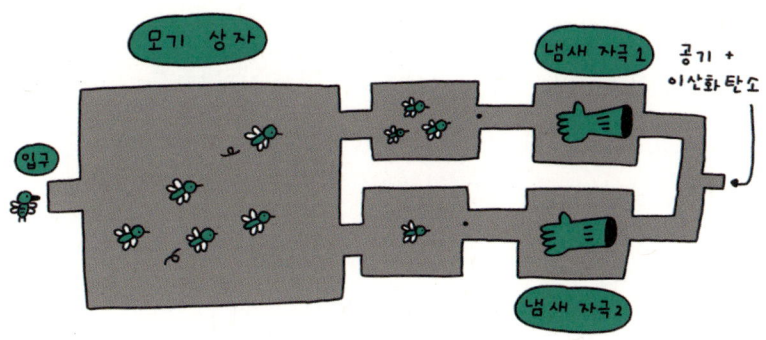

olfactometer)라는 장치를 통해 모기에게 제시했죠. 이 장치는 이중 통로 구조로, 중앙에서 모기를 풀면 양쪽에서 나오는 냄새를 맡고 스스로 한쪽 방향을 선택하도록 설계되어 있습니다.

두 통로에는 각각 참가자의 냄새가 밴 토시를 설치하고, 일정한 속도로 공기와 함께 이산화탄소를 흘려 보내 냄새 자극을 전달합니다. 모기는 중앙에서 후각을 이용해 냄새의 출처를 추적하며 날아가고, 어디로 더 많이 이동하는지를 측정함으로써 어느 체취가 모기를 더 강하게 유인하는지를 알 수 있게 되는 겁니다. 연구진은 3년에 걸쳐 이 실험을 무려 2,300회 이상 반복했고, 더욱 정밀한 비교를 위해 토너먼트 방식으로도 진행했어요. 예를 들어 참가자 A와 B를 비교한 뒤, 이긴 쪽을 C와 다시 비교하는 식으로 계속 대결을 이어간 것이죠.

실험 결과, 모기에게 인기 있는 참가자들의 피부에서는 특정 지방산이 훨씬 더 많이 검출되었습니다. 우승자의 경우, 다른 사람보다 이 물질의 농도가 최대 100배 이상 높게 나타났죠. 이 문제의 지방산은 우리 피부에서 자연스럽게 만들어지는 냄새 물질입니다. 구체적으로 말하면, 피지나 땀 같은 인체 분비물을 피부에 사는 미생물이 분해하는 과정에서 만들어지는 대사 산물입니다. 사람마다 피부 분비물의 성분도 다르고, 피부 미생물의 조성도 달라서 각자에게 고유한 체취 프로필이 형성됩니다. 문제의 지방산은 사람의 코에는 거의 느껴지지 않지만 모기에게는 강력한 유인 신호가 될 수 있다고 합니다. 마치 특정 향수에 더 끌리는 사람이 있는 것처럼, 모기도 이런 체취에 민감하게 반응하는 셈이죠.

이 연구는 또 하나의 흥미로운 사실을 밝혀냈습니다. 모기는 냄새를 감지할 때 특정한 하나의 신경세포나 수용체에만 의존하지 않습니다. 여러 종류의 냄새 수용체를 동시에 작동하여 복합적인 화학신호를 종합적으로 분석하죠. 즉, 모기는 단순히 한가지 냄새에만 반응하는 게 아니라, 다양한 냄새 분자의 조합을 바탕으로 먹잇감을 구분하는 고도로 정교한 후각 시스템을 갖추고 있는 셈입니다.

지금까지 소개한 이 연구 결과는 생물학 분야에서 가장 권위 있는 학술지 중 하나인 『셀』(*Cell*)에 2022년 10월에 발표되었습니다. 이 연구는 단순히 모기가 특정 냄새에 끌린다는 사실을 넘어서, 모기 퇴치제 개발이나 감염병 예방 기술에 새로운 방향을 제시했다는 점에서 큰 의미를 가집니다. 이듬해인 2023년, 미국 존스홉킨스대학교 연구진은 아프리카 잠비아에서 훨씬 큰 대규모 실험을 진행했습니다.

연구진은 실제 환경과 유사한 '반자연 실험장'을 테니스 코트 크기로 조성했고, 그 안에 참가자들이 잘 수 있는 작은 텐트들을 배치했습니다. 각각의 텐트에서는 사람들이 실제로 잠을 자고 있었고 이들의 체취가 공기 순환 장치를 통해 중앙 실험 공간으로 모이도록 설계되었습니다. 이 중앙 공간에는 수백마리의 말라리아 매개 모기를 풀어놓았고, 연구진은 적외선 카메라와 센서를 이용해 모기들이 어떤 냄새에 더 많이, 더 오래 반응하는지를 정밀하게 추적했습니다.

모기들은 실험에서 언제나 특정한 사람의 냄새에 집중적으로 몰리는 경향을 보였습니다. 어떤 참가자는 매번 모기의 '최애'로 뽑혔고, 반대로 거의 관심을 받지 못한 사람도 있었죠. 이 흥미로운 차이를 설명하기 위해 연구진은 참가자들의 전신 체취를 구성하는 휘발성 화합물을 비교했습니다. 그 결과, 모기에게 특히 인기 있는 사람의 체취에는 역시나 바로 그 문제의 지방산과 피부 미생물이 생성하는 물질인 아세토인(acetoin)이 많았습니다. 반대로 모기가 선호하지 않는 사람들에서는 이들 물질이 상대적으로 적었고, 대신 유칼립투스 향으로 알려진 유칼립톨(eucalyptol)이 더 많이 나타났습니다.

또 한가지 중요한 발견은, 모기들이 단순히 열이나 이산화탄소만으로는 적극적으로 반응하지 않았고 반드시 사람 고유의 냄새, 즉 후각 신호가 함께 있을 때에만 강한 유인 행동을 보였다는 점입니다. 다시 말해, 체온이나 호흡만으로는 부족하고 사람 고유의 냄새 조합이 결정적인 유인 신호 역할을 한다는 것이죠. 이 연구는 모기들이 사람을 선택할 때 단순한 하나의 냄새가 아니라, 여러 후각 신호들을 종합적으로 분석해 접근 대상을 정한다는 사실을 잘 보여줍니다. 그리고 이런 후각 조성은 사람마다 다르기 때문에, 말라리아 감염 위험도 개인에 따라 다를 수 있습니다.

이처럼 모기에 물리는 현상은 단순한 개인의 불편을 넘어서, 공중보건과 직결되는 중요한 문제입니다. 이제 모기가 단순히 무작위로 사람을 공격하는 것이 아니라, 체내에서 발생하는 화학물질과 미생물에 의한 복합적인 신호를 기반으로 먹잇감을 선택한다는 사실을 알게 되었습니다. 이러한 발견은 앞으로 모기 퇴치 기술 및 개인 맞춤형 예방 전략 개발에 큰 기여를 할 것으로 보이며, 모기를 매개로 한 감염병 전파를 사전에 차단하는 데도 중요한 실마리를 제공할 것입니다.

건강하고 쾌적한 여름을 보낼 수 있도록 모기에 대한 과학 연구와 기술 개발이 앞으로 더 많이 이어지기를 기대합니다. 예를 들어 문제의 지방산 생성을 억제하거나, 그 생성을 돕는 피부 미생물의 대사 경로를 조절함으로써 모기에게서 체취를 숨기는 방식의 접근도 생각해볼 수 있습니다. 물론 일상 속에서 실천할 수 있는 방법도 있습니다. 무엇보다 청결한 피부 관리가 중요합니다. 땀과 피지는 체취의 주요 원인이자 모기를 유인하는 주요 물질의 재료니까요. 규칙적인 운동으로 체온과 땀 분비를 조절하는 것도 피부 상태를 개선하고, 결과적으로 모기에게 덜 매력적인 사람이 되는 데 도움이 될 것입니다.

5. 뱀장어부터 먹장어까지, 장어 종류는 왜 이렇게 많을까?

장어라고 하면 누구나 떠올리는 이미지가 있습니다. 길쭉한 몸에 미끈한 피부를 갖춘 생물이죠. 미식을 즐기는 분이라면 기운이 솟는 보양식 재료로 떠올릴 수도 있습니다. 그런데 우리가 장어라고 부르는 생물들은 알고 보면 정말 제각각입니다. 꼼장어, 붕장어, 뱀장어… 생김새는 비슷하지만 전혀 다른 종도 있고, 심지어 '장어'라는 이름이 붙어 있어도 장어가 아닌 경우도 있지요.

장어 이야기는 바로 이런 혼란스러운 이름과 다양한 정체성에서 출발해볼까 합니다. 장어는 이름만 보고는 도무지 구분하기가 어렵습니다. 꼼장어는 사실 장어가 아니고, 붕장어는 민물에 서식하지 않으며, 뱀장어는 강에서 살다가 먼 바다로 떠나 번식합니다. 생김새는 비슷해도 이 물고기들의 생태와 진화는 완전히 다르죠. '장어'가 대체 어떤 생명체인지, 각기 다른 종류의 장어들이 어떤 방식으로 살아가고, 어떤 환경에서 진화해왔는지를 하나씩 짚어보며 정체가 헷갈리는 장어들의 놀라운 생태 이야기를 하나씩 풀어보겠습니다.

우선, 우리나라의 강과 바다를 오가는 회유성 어종인 뱀장어와 무태장어부터 살펴볼까요? 뱀장어는 평소 민물에서 성장하다가 알을 낳기 위해 먼바다로 떠나는 독특한 생태를 지니고 있습니다. 낮에는 진흙 속이나 바위틈에 몸을 숨기고, 밤이면 날카로운 감각을 이용해 먹이를 찾아나서는 야행성 어종이죠. 몸길이는 최대 1미터까지 성장할 수 있고 거대한 물고기나 수서 생물 등 다양한 생물을 포식하기도 합니다.

전라북도 고창군 월산리. 인천강과 서해가 만나는 그곳에서 잡히는 뱀장어는 '풍천장어'라는 별칭으로 불리기도 합니다. 많은 분이 '풍천(風川)'을 단순한 지역명으로 생각하시지만, 사실 그 말에는 특별한 의미가 담겨 있습니다. '풍천'은 '바닷바람(風)이 불어오는 강(川)'이라는 뜻으로, 민물과 바닷물이 만나는 강 하구를 가리키는 표현이지요. 민물과 바다를 오가는 장어의 생태를 고스란히 담은 이름입니다.

무태장어는 민물에서 약 5~8년 동안 살아가며 성장하다가, 성숙하면 깊은 바다로 나가 알을 낳습니다. 번식 후에는 생을 마치고, 그 알에서 부화한 새끼 장어는 다시 민물로 돌아와 맑고 물살이 빠른 냇물이나 계곡에서 새로운 삶을 시작하죠. 어린 장어들은 주로 바위틈에 몸을 숨기며 지내다가, 밤이 되면 조심스럽게 밖으로 나와 활동을 시작합니다. 무태장어는 우리나라 제주도에서 처음 발견된 토착 개체군으로, 장어라는 생물이 보여줄 수 있는 생태적 다양성과 지역별 적응 전략을 단적으로 보여주는 사례이기도 합니다.

한편 붕장어와 갯장어 같은 바다장어의 세계는 또 다릅니다. 이 장어들은 각각 특유의 서식지와 생활 습성을 가지고 있습니다. 붕장어는 따뜻한 환경을 좋아해 해저 10~30미터 깊이에서 서식하고, 겨울이면 더 깊은 곳으로 이동하며 환경에 적응하는 생존 전략을 택합니다. 두꺼운 피부와 발달한 근육은 붕장어가 깊은 바닷속에서도 생존할 수 있는 비결이죠. 옆줄을 따라 나 있는 흰 점은 붕장어를 쉽게 구분할 수 있는 특징 중 하나입니다. 흔히 '아나고(穴子, あなご)'라고도 불리는데, 이는 일본어 이름입니다. 모래 바닥에 구멍(穴)을 뚫어 파고드는 습성에서 유래된 이름입니다.

갯장어는 해안의 모래나 바위틈에 몸을 숨어 있다가 날카로운 이빨로 먹이를 사냥하는 특징이 있습니다. 과감한 공격성을 보여주다가도 잡히면 몸을 비틀며 격렬하게 도망쳐 일명 '도망장어'

라고 불리기도 하죠. '하모(ハモ)'라는 일본어 이름으로도 잘 알려져 있는데, 이는 '물다'라는 뜻의 일본어 '하무(ハム)'에서 유래했습니다. 이빨로 잘 무는 특성에서 비롯된 이름이지요.

혹시 칠성장어와 다묵장어를 아시나요? 이름에는 '장어'가 들어가지만, 사실 우리가 흔히 떠올리는 장어와는 전혀 다른 부류입니다. 이들은 척추동물 가운데 가장 원시적인 무리인 '무악류(無顎類)'에 속하지요. 턱이 없고 척추 또한 온전히 발달하지 않은 원시적인 형태의 동물들입니다.

칠성장어는 바다에서 2~3년을 보낸 뒤 강을 거슬러올라와 번식하고 다시 자기가 태어난 강으로 돌아가 생을 마칩니다. 자기

칠성장어의 독특한 입 턱이 없는 원시어류인 칠성장어는 둥글고 넓은 원반형의 입으로 물고기에게 단단히 달라붙어 피와 체액을 빨아먹습니다. 입속에 빽빽이 난 작은 이빨들은 피부 표면을 거칠게 갈아내는 동시에 몸을 더욱 강하게 고정시키는 역할을 합니다.

몸보다 큰 물고기의 피와 살을 빠는 독특한 방식으로 먹이를 얻죠. 아주 작은 이빨과 빨판으로 구성된 입 구조로 다른 물고기의 몸에 상처를 내고 찰싹 달라붙을 수 있습니다. 한때는 우리나라 전국의 강에서 쉽게 볼 수 있었지만, 현재는 과도한 어획과 환경 파괴로 멸종위기 야생동물 2급으로 지정되어 있어 법적으로 식용도 금지되어 있답니다.

다묵장어는 15~20센티미터 정도로 크기가 작아요. 여울 밑의 큰 돌이나 자갈 바닥에 숨어 살며 밤에만 활동하는 야행성입니다. 주로 모래 속 작은 벌레나 유기물을 걸러 먹죠. 다묵장어도 칠성장어와 마찬가지로 멸종위기종으로 보호받고 있습니다.

흔히 '꼼장어'라 불리는 먹장어는 칠성장어보다도 더 원시적인 무악류입니다. 턱이 없을 뿐 아니라 척추도 제대로 발달하지 않아, 척추동물과 무척추동물의 경계에 선 듯한 존재이지요. 부레가 없어 수면 위로 쉽게 떠오르지 못하고, 꼬리지느러미 하나만 달려 있어 헤엄도 서툽니다. 그래서 다른 물고기처럼 유연하게 헤엄치기보다는 몸을 꿈틀거리며 기듯이 움직입니다. 살아 있는 물고기에 달라붙어 살을 갉아먹기도 하지만, 주로 죽은 물고기에 붙어 청소동물 역할을 합니다. 눈은 거의 퇴화해 어둠에 적응했고 위협을 받으면 끈적한 점액을 대량으로 분비해 포식자에게 맞섭니다.

생물학적으로 장어가 아닌 칠성장어와 다묵장어, 먹장어를 제외하더라도, 장어류의 생태는 놀라울 만큼 다양합니다. 바다와 강, 얕은 연안과 깊은 해저, 모래 속과 바위틈에 이르기까지, 물이 있는 곳이라면 거의 모든 곳에 적응해 살아가고 있는 억척스런 생물이 바로 장어죠. 이처럼 각기 다른 환경에 적응해 살아가는 장어들의 삶을 따라가다보면, 한편의 자연 다큐멘터리를 보는 듯한 기분이 듭니다. 장어를 통해 얼마나 다양한 방식으로 생명이 세상과 어울려 살아가는지를 알게 되셨다면, 그 자체로 충분히 멋진 여정이었다고 생각합니다. 다음엔 또 어떤 생명체의 멋진 이야기가 우리를 기다리고 있을까요? 함께 책장을 넘겨봐요!

참고!

다음 영상에는 장어들의 생김새를 비교한 세밀화도 함께 담겨 있습니다. 그림을 보면 장어들의 다양한 생김새나 특징이 훨씬 쉽게 이해되실 거예요. 영상 속 해설을 참고해 보세요.

6. 중량이냐 횟수냐, 근육 키울 때 더 중요한 것은?

"달에서는 중력이 지구의 6분의 1이니까, 지구에서 10킬로그램을 들 수 있으면 달에서는 60킬로그램을 들 수 있는 걸까?" 언뜻 유쾌한 상상처럼 들릴 수 있지만, 이 질문은 운동과 근육에 대한 중요한 사실을 짚고 있습니다. 실제로 우리가 느끼는 무게는 중력에 의해 발생하는 힘이지, 물체 고유의 성질은 아닙니다. 예를 들어 10킬로그램짜리 아령은 지구에서든 달에서든 질량은 같지만, 중력이 다르면 근육이 받는 자극도 달라지거든요.

중요한 점은, 우리 근육이 단순히 질량이 아니라 그 질량이 만들어내는 물리적 부하에 반응한다는 사실입니다. 똑같은 아령을 들더라도 달에서는 중력이 약해 자극이 줄어들기 때문에 지구보다 덜 힘들게 느껴질 뿐 아니라 운동 효과도 낮아질 수 있죠. 이런 차이는 근력 훈련에서 단순한 무게보다 반복과 규칙성, 자극의 방식이 얼마나 중요한지를 다시금 생각하게 만듭니다.

운동할 때 우리 몸이 반응하는 방식은 일정한 원칙을 따릅니다. 단순히 중량만 높인다고 해서 무조건 좋은 건 아니죠. 실제로 과학 연구에 따르면, 무거운 중량은 근력 향상에 효과적이고 반복 운동은 근육의 크기와 지구력을 키우는 데 더 도움이 된다고 합니다. 결국 근력 운동의 핵심은 '얼마나 무겁게 드느냐'보다는, '얼마나 꾸준히 하느냐'에 있는 셈이죠.

이와 관련해 우리 근육이 어떻게 움직이는지 들여다볼 필요가 있습니다. 우리가 걷거나 물건을 들고, 글씨를 쓰는 동작을 할 수 있는 건 골격근 덕분입니다. 골격근은 여러겹의 섬세한 구조로 이루어져 있습니다. 근육 전체는 여러개의 근육다발로 이루어져 있고, 각 다발은 다시 여러개의 근육세포, 즉 근육섬유로 구성되어 있습니다. 하나의 근육섬유 안에는 더 가느다란 실처럼 생긴 근육 원섬유가 존재하며, 이 원섬유 속에는 실제로 근육의 움직임을 만들어내는 두가지 단백질 실, 가는 액틴(actin)과 상대적으로 굵은 마이오신(myosin)이 질서 정연하게 배열되어 있습니다.

이 두 단백질이 서로를 잡아당기며 미끄러지듯 겹쳐지면서 근육은 수축하게 됩니다. 이를 설명하는 생물학 이론을 '활주설'(sliding filament theory)이라고 하죠. 쉽게 말해, 마이오신이 마치 노를 저어 가듯이 액틴을 끌어당기며 근육을 짧게 만드는 방식입니다. 이때 마이오신이나 액틴 자체의 길이는 변하지 않고, 단지 겹쳐지는 정도가 증가할 뿐입니다. 이런 움직임에는 ATP(아데노신삼인산)라는 에너지원이 반드시 필요합니다.

ATP는 우리 몸의 세포가 사용하는 충전식 배터리 같은 에너지원으로, 마이오신이 액틴을 끌어당기거나 놓는 작용을 가능하게 해줍니다. 이 배터리가 지속적으로 충전되어 있어야 근육은 자유롭게 수축하고 이완할 수 있습니다. 만약 ATP가 더이상 만들어지지 않으면 마이오신과 액틴이 서로 분리되지 못하고 근육이 풀리지 않은 채 굳게 되죠. 이 현상이 사후 경직이 시작되는 주요 원인으로 작용합니다.

문제는 나이가 들수록 이런 시스템이 점점 둔해진다는 데 있습니다. 특히 40대 이후에는 매년 1~2퍼센트씩 근육량이 자연스럽게 감소한다고 알려져 있습니다. 근육량 감소는 50대 후반부터 뚜렷해지는 경향을 보이는데, 특히 하체 근육의 감소가 주요 원인으로 작용합니다. 그 결과 운동신경의 반응속도도 느려지고, 관절 유연성이나 골격 지지력도 함께 약해지게 되죠. 또한 근육은 우리 몸에서 많은 에너지를 소비하는 조직이기 때문에 근육이 줄어들면 기초대사량이 낮아지고, 그만큼 지방이 쉽게 쌓이게 됩니다. 이는 단순한 체형 변화에 그치지 않고, 대사 질환이나 심

혈관 질환 같은 만성질환으로 이어질 위험도 높아집니다. 그래서 운동을 단순히 근육을 키우는 행위로 보지 않고, 전반적인 건강을 유지하기 위한 필수조건으로 바라보는 시각이 필요합니다.

운동에서 정말 중요한 것은 한번에 얼마나 무겁게 드느냐보다, 자신에게 맞는 강도와 반복을 얼마나 꾸준히 이어가느냐입니다. 운동 효과는 중량보다 지속성과 반복성, 무엇보다도 올바른 자세에 달려 있습니다. 아무리 고중량을 들더라도 그것이 1회에 그쳤거나 잘못된 자세로 수행된다면 효과는커녕 부상의 위험만 커질 수 있습니다. 오히려 가벼운 중량이라도 정확한 자세로, 자신의 수준에 맞게 반복하며 꾸준히 수행하는 것이 근육에 지속적인 자극을 주고, 근지구력과 운동 효율을 높이는 데 훨씬 더 효과적입니다.

또한 무리한 목표나 타인의 기준에 맞춘 운동보다는 자신의 몸 상태와 체력에 맞는 방식으로 운동 강도와 방법을 조절하는 것이 중요합니다. 그래야만 운동이 부담이 아닌 습관이 되고, 장기적으로 건강하고 안전한 몸을 유지하는 데 도움이 됩니다. 바로 지금, 내 몸과 마음에 맞는 운동을 시작해보세요. 과학적 원리에 기반한 꾸준한 습관이야말로 가장 확실하고 안전한 건강 비결입니다. 여러분의 몸은 여러분이 내린 선택을 오래도록 기억할 거예요.

7. 감자냐 고구마냐, 구황작물 최강자는?

우리가 즐겨 먹는 고소한 감자튀김, 포슬포슬한 감자구이, 달콤한 고구마 과자, 그리고 겨울철 길거리에서 김을 뿜으며 익어가는 군고구마. 이 맛있는 메뉴들에는 공통점이 하나 있습니다. 바로 단순한 간식이 아니라 인류를 구한 영웅 같은 식량들이란 점입니다. 감자와 고구마는 역사 속에서 수많은 사람을 굶주림에서 구해냈고, 심지어 나라를 살리기도 했습니다. 이 둘의 울퉁불퉁한 생김새는 좀 비슷해 보여도 사실은 전혀 다른 작물입니다. 하나씩 살펴보겠습니다.

먼저 고구마는 메꽃과입니다. 같은 과 식물로는 나팔꽃이 있는데, 고구마꽃을 보면 나팔꽃과 놀라울 만큼 닮았어요. 나팔꽃처럼 고구마도 덩굴성 식물 특유의 성장 방식을 보이죠. 우리가 먹는 고구마는 사실 뿌리 일부가 비대해져 저장기관으로 기능하는 덩이뿌리입니다. 반면 감자는 가지과에 속합니다. 가지과 친척으로 토마토가 있다는 사실도 정말 의외죠. 감자는 뿌리가 아니라, 땅속에서 줄기 일부가 커져서 에너지를 저장하는 덩이줄기입니다. 겉보기에는 비슷하지만, 두 식물은 이렇게 생물학적으로 전혀 다른 계통에 속하고 생장 방식과 구조에서도 차이를 보입니다.

고구마와 감자가 잘 자라는 기후 조건도 확연히 다릅니다. 고구마는 따뜻하고 서리가 내리지 않는 환경을 좋아해, 주로 열대나 아열대 기후에서 잘 자랍니다. 반면 감자는 서늘한 기후를 좋아해, 여름에도 기온이 크게 오르지 않는 온대 지역이나 고지대에서 특히 잘 자란답니다. 이러한 기후 적응성의 차이는 두 작물이 전세계에 퍼진 경로와 주된 활용 방식에도 큰 영향을 미쳤습니다.

고구마와 감자 모두 영양가가 높지만, 서로 다른 장점을 지니고 있습니다. 고구마는 체내에서 비타민A로 전환되는 베타카로틴과 식이섬유가 풍부해 소화기관과 눈 건강에 도움을 줍니다. 특히 식이섬유는 장운동을 촉진해 변이 대장을 통과하는 시간을 줄여주며, 변비 해소에 효과적입니다. 고구마를 자르면 하얀 유액이 흘러나오는데, 여기에는 얄라핀(jalapin)이라는 끈적한 물질이 들어 있습니다. 얄라핀은 고구마의 상처를 보호하는 역할을 하며, 사람에게는 식이섬유와 함께 작용해 장운동을 더욱 활발하게 만듭니다.

감자는 고구마보다 열량과 당분 함량이 낮고 비타민C와 단백질 함량이 더 높습니다. 면역 강화와 에너지 보충에 유리하죠. 고구마에도 비타민C가 있기는 하지만 감자의 비타민C 함량은 사과보다 세배나 많아서, 20세기 초중반 유럽에서는 감자가 제약용 비타민C 제조에 쓰이기도 했습니다. 두 작물 모두 포타슘(K^+)이 풍부하다는 공통점도 있습니다. 필수 미네랄인 포타슘은 소듐(Na^+) 배출을 촉진해 혈압 상승을 억제하고 혈액순환을 돕죠. 그래서일까요? 감자는 전세계적으로 '배고픔 해결사'의 대표격인 작물이 되었고, 고구마는 아이들도 좋아하는 몸에 좋은 간식으로 자리매김하며 인류의 입맛을 사로잡았습니다.

역사적으로도 고구마와 감자는 인류의 고비마다 빠지지 않고 등장합니다. 감자 먼저 살펴볼까요? 원래 남미 안데스 고산지대에서 자라고 있던 감자는 스페인 정복자들에 의해 유럽으로 전해졌습니다. 처음 유럽에 도착했을 때 감자는 낯선 외모와 독성에 대한 불신 때문에 '악마의 뿌리'라는 별명까지 얻었고, 한센병을 유발한다는 근거 없는 소문까지 돌았습니다. 사람들은 감자를 주로 가축 사료로만 쓰고 식탁에는 잘 올리지 않았죠. 하지만 18세기 독일 프로이센의 군주 프리드리히 대왕(Friedrich II)은 감자가 굶주림을 해결할 수 있는 유용한 작물임을 간파했습니다. 어떻게든 농민들에게 감자를 보급하려 했죠. 그래서 짜낸 묘안은 '금지 마케팅'이었습니다. 전해지는 이야기에 따르면, 왕은 감자밭을 조성한 뒤 군인들을 배치해 철저히 지키게 했습니다. 그리고는 귀족들만 먹을 수 있는 귀한 음식 재료라고 선포했습니다. 호기심이 발동한 사람들은 밤에 몰래 밭에 들어가 감자를 캐서 자기 땅에 심기 시작했다고 합니다.

18세기와 19세기에 걸쳐 감자는 유럽 서민의 주식으로 널리 사랑 받았지만, 감자의 시대도 삐끗하는 때가 옵니다. 바로 1845년에 감자 역병이 아일랜드를 강타했거든요. 이 역병의 원인인 파이토프토라 인페스턴스(*Phytophthora infestans*)는 난균류에 속하는 미생물로, 이름 자체가 '식물을 파괴하여 감염하는 존재'를 뜻합니다. 참고로 난균류는 겉모습이 곰팡이와 비슷하고 광합성도 하지 못해 과거에는 곰팡이로 분류됐습니다. 그러나 유전자 분석 결과, 놀랍게도 광합성 미생물 무리인 조류와 같은 계통에 속하는 것으로 밝혀졌습니다. 치명적인 미생물인 치명적인 미생물인 파이토프토라 인페스턴스에 감염되면 감자 식물의 잎과 줄기에 검은 반점이 나타났습니다. 또한 급격하게 전파되어 눈 깜짝할 사이에 아일랜드 전역의 감자밭이 초토화되는 상황이 벌어졌습니다.

당시 아일랜드는 주식의 대부분을 감자, 특히 역병에 취약한 '럼퍼'(Lumper)라는 단일 품종에 의존하고 있었습니다. 그러한 상황에서 역병이 번지자 약 100만명이 굶주림과 질병으로 목숨을 잃었고, 200만명에 달하는 아일랜드인들이 미국 등지로 대규모 이주를 해야 했습니다. '아일랜드 감자 대기근'(Irish Potato Femine)이라 불리는 이 사건은 아일랜드 인구의 4분의 1을 줄어들게 한 비극이자, 아일랜드 이민사에서 빼놓을 수 없는 장면으로 남아 있습니다.

고구마는 멕시코를 비롯한 중앙아메리카가 원산지입니다. 우리나라에선 17세기 중엽부터 일본을 방문한 통신사나 바다에서 표류해 우연히 조선으로 들어온 일본인 어부들이 고구마를 소개하면서 부산과 제주도에서 시험 재배가 시작됐습니다. 1763년 통신사를 통해 정식으로 고구마 종자가 한반도에 전해졌다는 기록도 남아 있습니다. 가뭄과 척박한 토양에서도 잘 자라는 덕분에 평년은 물론 흉년에도 수많은 사람을 살린 귀중한 식량자원이 되었습니다. 여기에 달콤한 맛까지 더해져, 고구마는 빠르게 사람들의 입맛과 마음을 사로잡았죠.

오늘날 고구마와 감자는 구황작물 이미지를 넘어 각종 간식, 다이어트, 건강 보조식품 등으로 가공되어 인기가 더욱 높아지고 있습니다. 현재 전세계 100개국 이상에서 재배되고 있는 감자는 옥수수·쌀·밀에 이어 세계 4위의 주요 식량 작물입니다. 특히 호박고구마는 베타카로틴이 무척 풍부한데, 이런 영양학적 효과에 주목해 호박고구마를 연구하고 보급한 과학자들이 2016년에는 세계식량상(World Food Prize)을 수상하기도 했답니다. 호박고구마가 비타민A 결핍으로 질병 감염이나 실명 위기에 처한 수많은 어린이의 건강을 지키는 데 큰 역할을 했거든요. 세계식량상은 '농업 분야의 노벨상'으로 불리며, 전세계 식량 안보와 영양 개선에 탁월한 기여를 한 개인이나 단체에 매년 수여됩니다.

감자와 고구마 이야기를 하다보니 저도 모르게 군침이 도네요. 한편으로는 이 작고 울퉁불퉁한 작물들이 누군가의 인생을 구했다는 사실이 새삼 신기하고 고맙게 느껴집니다.

8. 인간은 왜 뱀을 혐오할까?

여러분, 혹시 풀숲에서 뱀이 스르르 움직이는 걸 보고 소스라치게 놀란 적이 있나요? 혹은 TV 화면이나 영화 속에서 뱀이 혀를 날름거리며 등장하는 순간, 등골이 오싹해진 경험은요? 우리는 뱀을 보면 논리적으로 설명하기 어려운 본능적인 두려움을 느낍니다. 이 반응은 단순히 뱀을 싫어해서가 아니라, 우리의 뇌가 아주 오래전부터 간직해온 경고 시스템이 작동하는 신호일지도 모릅니다.

사실 뱀은 인류 역사에서 오랫동안 공포의 대상이었습니다. 문화적인 편견이나 학습된 공포의 영향도 있겠지만, 이 특별한 '뱀 공포'는 인간의 유전적 본능과 신경생물학적 이유, 그리고 문화가 서로 손잡고 만들어낸 합작품이라고 보는 게 타당할 것 같습니다.

먼저 뱀 공포에 대한 생물학과 진화의 관점부터 살펴볼까요?

수백만년 전, 인류의 조상들이 원시림을 누비며 살아가던 시절, 독을 지닌 뱀은 아주 치명적인 위협이었습니다. 수풀이 우거진 바닥이 잘 보이지도 않는데, 소리 없이 움직이는 뱀에 단 한번만 잘못 물려도 생명을 잃을 수 있었으니까요. 걸어다니다가 뱀을 잘못 밟으면 죽을 수도 있다는 이 간단한 사실이 여러 세대에 걸쳐 뇌에 각인되면서, 뱀의 존재를 재빨리 인지하고 피할 수 있는 능력은 생존의 열쇠가 되었죠. 여기서 본능적 공포가 시작되었다 고 할 수 있습니다.

과학자들이 뱀 사진을 사람들에게 보여주며 그들의 뇌 사진을 찍었더니, 정말 많은 이들의 편도체가 빠르게 반응했다고 합니다. 태어날 때부터 지닌 아주 원초적인 감정회로가 작동해 본능적인 공포를 느낀다는 증거라 할 수 있습니다. 편도체는 뇌 속에 깊숙이 자리 잡은 아몬드 모양의 구조로, 위험을 감지하면 신속하게 반응을 지시하거든요. 뱀을 보고 '등골이 서늘'해졌다면, 대뇌가 '이게 뭐지?'라고 상황을 이해할 틈도 없이 편도체가 먼저 '일단 도망쳐!'라고 외치기 때문입니다. 이때 해마는 '기억'을 담당합니다. 과거에 뱀과 관련된 두려운 기억이 있다면, 비슷한 상황에서 더 강하게 반응하도록 하는 거죠. 이처럼 뇌는 안전을 지키고 생존 확률을 높이기 위해 감정을 처리하고 기억하며 아주

뱀의 신 나가 '나가'(नाग)는 산스크리트어로 뱀을 의미합니다. 상반신은 사람, 하반신은 뱀의 모습을 하고 저승에 거주하는 특별한 존재로 묘사됩니다.

전략적으로 작동합니다.

이런 뱀 공포는 인간만이 느끼는 게 아닙니다. 영장류도 뱀에 대해 유사한 반응을 보입니다. 과학자들이 원숭이에게 뱀 사진을 보여주었더니 그들의 뇌에서도 편도체가 반짝 켜졌다고 합니다. 위험하니까 조심하라는 신호가 원숭이에게서도 본능적으로 작동했다는 거죠.

하지만 뱀 공포는 본능만으로 설명할 수 없습니다. 사람이 뱀과 함께 살아온 시간만큼, 문화 속 뱀의 이미지도 복잡하게 얽혀 있거든요. 예를 들어 성경 속 에덴동산에서는 뱀이 유혹과 타락의 상징으로 등장합니다. 반면 아시아의 일부 문화권에서는 뱀이 행운의 상징이기도 하죠. 예를 들어 중국에서 뱀은 지혜와 장수의 상징으로 일컬어지고, 인도에선 뱀의 신 '나가'(Naga)가 우주와 생명, 건강의 수호자입니다. 인도 전역에서 열리는 '나가 판차미'(Naga Panchami) 축제는 바로 이 뱀신을 기리는 행사입니다. 아무리 뇌 속에 내재된 본능적 공포가 있다고 해도, 사회적 학습이나 문화적 서사가 한데 섞이면 전혀 다른 감정을 유발할 수도 있다는 점을 보여줍니다.

최근 뇌과학 연구는 여기에서 한걸음 더 나아갑니다. 뱀에 대한 우리의 반응은 뇌 속 깊은 곳의 편도체나 해마에서만 끝나지 않습니다. 우리 뇌에는 일반 경로보다 훨씬 빠른 지름길 시각 회로가 있습니다. 이 지름길을 통해 들어온 위험 신호는 두뇌의 사령탑이라 할 수 있는 전전두엽과 고통에 반응하고 통증 정보를 처리하는 전대상피질로 넘어갑니다. 그리고 놀라서 움찔하는 데 그치지 않고 이 위험에 어떻게 대처할지를 판단하게 해줍니다. 말하자면, 인간은 뱀을 보고 단순히 무섭다고 느끼고, 몸을 움찔할 뿐 아니라 그 감정을 어떻게 다룰지 스스로 결정하고 반응할 수도 있다는 겁니다. 뱀을 마주한 순간 우리는 본능적인 생존 반응과 이성적인 판단을 동시에 발휘하는 셈이죠. 다만 이 시스템이 지나치게 민감하게 작동하면 실제로는 위험하지 않은 상황에서도 심한 두려움을 느끼고 뱀 공포증을 유발할 수 있습니다.

뱀에 대한 두려움은 단순한 본능이나 우연한 문화적 산물이라고 한쪽으로 치우쳐 설명하긴 어렵습니다. 아주 오랜 진화의 역사 속에서 우리 뇌가 어떻게 위험을 감지하고 반응하도록 만들어졌는지, 그리고 우리의 문화가 어떻게 우리의 감정과 인지를 재구성하는지를 돌아보게 하죠. 사실 모든 뱀이 우리를 공격하는 것도 아닙니다. 전세계에 약 3,000종의 뱀이 있는데 이중 독을 가진 종류는 15~20퍼센트 정도고, 이들 대부분은 먼저 공격하지 않거든요. 오히려 엄청난 번식력을 자랑하는 설치류나 곤충의 개체수를 조절해 생태계의 균형을 지탱하는 중요한 역할을 합니다.

결국 뱀은 우리가 왜 두려움을 느끼는지, 그 두려움을 어떻게 다루는지를 되묻게 만드는 아주 흥미로운 존재입니다. 생명에 대한 이해는 때로 '그 존재가 왜 무서운가'를 묻는 데서 출발하기도 하니까요. 이제 뱀을 마주할 때 단순히 소스라치며 뒷걸음질만 할 게 아니라, 우리 안에 숨겨진 진화의 흔적과 뇌의 놀라운 작동 방식, 그리고 생태계의 복잡한 균형까지도 떠올릴 수 있을 겁니다. 어쩌면 그 순간, 뱀은 공포의 대상이 아니라 생명 이해의 문을 여는 열쇠가 될지도 모릅니다.

9. 물도 중독이 된다고?

 "물이 모든 것의 근원이다." 고대 그리스의 철학자 탈레스(Thales)는 그렇게 말했습니다. 얼핏 들으면 시적인 주장 같지만, 놀랍게도 이 고대인의 직감은 현대 과학에서도 여전히 유효합니다. 물은 분명히 생명의 토대이며 우리의 몸과 뇌, 세포 하나하나가 연관되어 있거든요. 우리가 아침 햇살에 눈을 뜨는 그 순간에도, 한방울의 물은 혈관 속을 타고 달리며 생명의 리듬을 조절하고 있습니다.

 우리 몸은 체중의 약 60퍼센트가 물입니다. 물이 전신을 돌며 생명을 유지하고 있다는 뜻이죠. 신진대사·호흡·체온 조절·배설 등, 이 모든 과정의 무대 뒤에는 물이라는 연출자가 있습니다. 그런데 뜻밖에도 이 물이 우리 생명을 위협할 수도 있다는 사실을 알고 계셨나요?

우리 몸속 물의 약 3분의 2는 세포 안에, 나머지 3분의 1은 세포 밖에 존재합니다. 이렇게 세포 안팎을 끊임없이 오가며 균형을 맞추죠. 이때 중요한 역할을 하는 것이 소듐(Na^+)입니다. 소듐은 세포 밖에 가장 많이 있는 성분으로, 몸속 수분의 양과 흐름을 조절하는 데 핵심적인 역할을 합니다. 소듐이 너무 적어지면, 물이 세포 안으로 과도하게 들어가면서 저소듐혈증(hyponatremia), 쉬운 말로 물 중독(water intoxication)이 발생할 수 있습니다. 특히 뇌세포에 물이 몰리면 뇌가 붓는 뇌부종이 생깁니다. 그러면 두통·메스꺼움·구토·흥분 같은 증상이 나타날 수 있습니다. 더 심해지면 정신이 혼미해지고 발작이 일어나며, 심하면 목숨까지 위태로워질 수 있습니다.

실제로 2023년 미국에서는 한 30대 여성이 더위에 지쳐 물 2리터를 급하게 마셨다가 물 중독으로 사망했다는 충격적인 뉴스가 보도됐습니다. 가족여행 중이었던 그는 심한 갈증으로 힘겨워하다가 500밀리리터 생수병 네병을 단숨에 비웠다고 합니다. 그리고 집에 돌아와 의식을 잃고 쓰러졌습니다. 가족들이 급히 병원으로 옮겼지만 안타깝게도 끝내 의식을 회복하지 못했습니다. 그리고 장기기증으로 다섯명에게 새 생명을 준 뒤 세상을 떠났습니다. 심한 갈증에 마신 물이 오히려 생명을 앗아간 역설적인 사건이었습니다.

사실 물은 입으로 들어간 지 약 10분이면 몸 구석구석으로 퍼져나가 전신의 균형을 맞춥니다. 경이로울 정도로 빠른 과정이죠. 하지만 그만큼 섭취하는 양과 속도도 섬세하게 조절되어야 합니다. 방금 설명한 대로 물 중독은 단시간에 많은 물을 섭취하면서 혈중 수분과 소듐 균형이 깨지고, 체액의 농도가 급격히 낮아진 상태를 말합니다. 그러므로 물을 많이 마실수록 좋다는 통념은 의외로 아주 조심스럽게 생각해봐야 할 건강 상식입니다.

물론 물 중독은 매우 드물게 일어나는 사고입니다. 조금만 주의를 기울이면 언제든 예방할 수 있지요. 더운 날씨에 야외에서 장시간 활동한다면 탈수나 극단적인 과다수분 공급을 막기 위해 물 외에도 과일이나 이온음료 등 전해질이 들어 있는 음식을 수시로 먹거나 마시는 게 좋습니다. 또한 콩팥은 시간당 물 1리터 정도를 처리할 수 있으므로 일정한 간격을 두고 적당히 섭취하는 게 좋지요.

인간을 포함한 모든 생명체에게 물은 생명의 필수 요소입니다. 요컨대 체내 수분이 1~2퍼센트 정도 부족하면 갈증을 느끼고, 집중력이 떨어지기 시작합니다. 수분 부족이 3~4퍼센트에 이르면 피로나 두통, 현기증과 같은 증상이 나타나며, 체온조절에도 어려움이 생길 수 있죠. 만약 체내 수분이 10퍼센트 이상 부족해지면, 쇼크와 장기 기능 저하 등으로 생명을 위협할 수 있어 즉각적인 치료가 필요합니다. 정도가 지나치면 부족한 것이나 다름없다는 뜻의 사자성어 과유불급(過猶不及)이 떠오르네요.

인류는 물과 아주 오랜 세월을 함께 살아왔습니다. 세수를 하고 차를 끓이고 수영을 즐기고 장마를 견디고 눈물을 흘리며 말이죠. 또한 물은 생리학만이 아니라 예술, 문학, 종교, 철학에서도 생명의 은유이자 정화의 상징이 되곤 했습니다. 물의 흐름을 관찰하며 시인은 인생을 떠올렸고 과학자는 세포를 들여다보았으며 철학자는 존재의 근원을 물었지요.

하지만 지금 우리는 물의 소중함을 얼마나 자주 떠올리며 살고 있을까요? 정수기 버튼 하나만 누르면 언제든 나오는 물, 생수병 안에 예쁘게 담긴 물, 실내 습도를 자동 조절하는 기계 덕분에 우리는 물의 진짜 가치를 점점 잊어가고 있는지도 모릅니다. 아이러니하게도 물이 너무 흔해진 요즘, 물은 다시 귀해지고 있거든요.

기후변화와 산업화, 도시화 같은 현상이 결국은 수자원 고갈과 연관되어 있다는 사실을 떠올리면, 물은 더이상 '그냥 흐르는 것'이 아닙니다. 오염과 가뭄, 환경 난민과 식수 부족의 현실은 이미 뉴스 속 풍경이 아니라, 인류가 당면한 전지구적 과제가 되었죠. 이제 "물을 아껴 써야 한다"라는 교과서 속 문장을 구호로만 받아들여선 안 됩니다. 물은 우리 몸속에서 생명을 조율하고 지구 생태계를 유지하는 동시에, 우리 감정과 문화를 감싸는 다층적인 의미를 지닌 물질입니다. 이 사실을 잊지 않는다면, 물과 함께 살아가는 우리의 삶도 조금 더 조화롭고 의미 있어지지 않을까요?

10. 인간의 출산은 왜 이렇게 고통스러울까?

거울 앞에 서서 스스로를 들여다보면, 우리의 몸이 오랜 진화의 흔적을 품고 있다는 사실이 새삼스럽게 느껴집니다. 인류는 수백만년에 걸쳐 땅 위를 네 발로 걷던 조상에서 직립보행이라는 대전환을 이루어냈지요. 이 거대한 진화는 우리에게 자유로운 두 손과 넓은 시야를 선물했지만, 그만큼의 댓가도 따랐습니다. 가장 큰 댓가 중 하나는 다름 아닌 출산의 고통입니다. 생명을 탄생시키기 위해 여성들이 겪는 극심한 고통은 단지 개인의 고난이 아니라, 인류가 겪게 된 진화적 타협의 결과입니다. 과학은 이를 '출산의 딜레마'(obstetric dilemma)라 부릅니다.

우리는 젖을 먹고 자라는 포유류(mammal)에 속합니다. 포유류의 기원은 약 2억 2500만년 전으로 거슬러 올라갑니다. 2022

년에 영국과 브라질의 공동 연구진이 보고한 가장 오래된 포유류 화석은 몸길이 20센티미터 남짓의 작은 동물로, 오늘날의 땃쥐 같은 설치류의 모습이었을 것으로 추정합니다. 초기 포유류 조상들은 체내에서 수정과 태아 발달이 이뤄지는 태생(胎生) 방식으로 번식하게 되었습니다. 이는 외부 환경의 변화 속에서도 새끼의 생존율을 높이는 방향으로 자연선택을 거쳐 형성된 특징이었습니다.

여기에 더해 인류는 직립보행이라는 생물학적으로 쉽지 않은 길에 발을 들였습니다. 이로 인해 골반 구조에 큰 변화가 일어났습니다. 곡선형 S자 척추 구조와 함께 길이가 짧고 넓은 골반은 상체를 안정적으로 지탱하게 되었지만, 출산 통로인 산도(産道)는 상대적으로 좁아질 수밖에 없었습니다. 게다가 인류의 뇌는 약 200만년 전부터 본격적으로 커지기 시작했습니다. 그 결과 태아의 머리 역시 다른 동물보다 훨씬 커졌습니다. 좁은 산도와 이를 통과해야 하는 아기의 큰 머리. 생각만 해도 출산이 버거운 일처럼 느껴지지 않나요?

미국의 인류학자 셔우드 워시번(Sherwood Washburn)은 이 난제를 '출산의 딜레마'라 명명하며 인류의 독특한 생물학적 고통을 설명했습니다. 대부분 포유류는 큰 어려움 없이 새끼를 낳지만 인간만은 힘겨운 사투를 벌이며 그 과정을 겪습니다. 직립보행에 필요한 균형과 이동성을 유지하기 위해 골반은 무한히 넓어질 수 없었고, 그 제약은 곧 산도의 크기가 제한되는 결과로 이어졌습니다. 인류는 '좁은 산도'라는 물리적 한계와 '큰 태아 머리'라는 생물학적 특징 사이에서 줄타기를 하며 지금껏 변화해온 셈입니다. 이 모든 것이 두 발로 걷는 영장류가 치르게 된 댓가였습니다.

좁아진 산도와 커진 뇌라는 두 변화가 맞물리면서 출산 과정은 한층 복잡해졌습니다. 인간 태아는 골반을 통과하기 위해 머리를 여러 단계로 회전시키는 정교한 움직임을 해내야 합니다. 대부분의 영장류에서는 나타나지 않는 인간 특유의 출산 방식이지요. 이러한 구조적 제약 속에서 인류는 또 하나의 타협점을 향해 진화했습니다. 태아를 뇌가 덜 발달된 미성숙 상태로 일찍 세상에 내보내게 된 겁니다. 그래서 인간은 다른 동물보다 훨씬 긴 유아기를 거치게 되었고, 부모의 보살핌 아래에서 사회성과 학습 능력을 기르며 성장합니다. 역설적으로 이런 고통스럽고 까다로운 출산이 오늘날 인류의 공동체 의식과 깊은 유대 관계를 꽃피우게 한 토대였을지도 모릅니다.

구스타프 클림트(Gustav Klimt)의 작품 「희망 I」(Hope I)을 볼까요? 그림 속 벌거벗은 임신부는 삶과 죽음, 희망과 불안을 모두 품고 있습니다. 배 주위에 어른거리는 해골과 그림자들은 출산이

희망 I 클림트가 1903년에 그린 유화 작품입니다. 현재 캐나다 오타와에 있는 국립미술관에 소장되어 있습니다. 물망초꽃으로 만든 화관을 머리에 쓴 임신한 여성이 죽음의 형상들 속에 둘러싸여 있습니다.

단지 생명의 시작만이 아님을 말해줍니다. 그것은 두려움과 고통의 경계에서 미래를 품는 숭고한 여정이기도 하지요. 과학은 숫자와 그래프로 설명하지만, 때로는 예술이 전해주는 공감의 언어가 우리에게 더 또렷이 다가옵니다.

오늘날 현대의학은 이 출산의 딜레마를 극복하기 위해 다양한 기술적 해법을 도입하고 있습니다. 인공지능(AI) 기반 태아 모니터링 시스템은 산모와 태아의 상태를 실시간으로 분석해 이상 징후를 조기에 감지하고, 정밀의료는 유전자 정보와 생물학적 지표를 토대로 임신 중 발생할 수 있는 합병증 위험을 사전에 예측하며 맞춤형 관리 계획을 세울 수 있게 합니다. 이러한 기술 덕분에 출산 환경은 과거보다 훨씬 안전해졌지만 모든 문제가 해결된 것은 아닙니다. 출산을 앞둔 여성들이 느끼는 불안과 통증, 정서적 부담은 여전히 현재진행형의 과제로 남아 있습니다. 기술이 신체적 위험은 줄일 수 있어도, 두려움과 감정의 무게까지 완전히 덜어줄 수는 없기 때문입니다.

그래서 요즘 의학은 기계만이 아니라 사람을 바라봅니다. 출산 이후의 회복을 돕는 산후조리, 정신건강 관리, 그리고 가족과 사회가 함께하는 지원 체계 구축이 중요한 키워드로 떠오르고 있죠. 인간의 몸과 마음을 함께 돌보는 '전인적 돌봄'의 필요성이 점점 강조되고 있는 것도 이 때문입니다. 결국 인류의 출산은 진화의 타협과 기술의 진보, 그리고 인간성 회복의 조화 속에서 이루어집니다. 좁은 산도와 큰 머리라는 난관을 넘어 세상에 나온 아기는 첫울음을 터뜨립니다. 그러나 그것은 끝이 아니라 새로운 시작입니다. 태어난 뒤에도 인간은 긴 유년기를 거치며 비로소 사회적 존재로 성장해갑니다. 출산의 고통에서 시작해 성장의 여정으로 이어지는 이 길 위에서, 우리는 인간 존재의 연약함과 놀라운 가능성을 동시에 마주하게 됩니다.

11. 인간은 죽지 않는 홍해파리의 꿈을 꾸는가?

혹시 시간을 거꾸로 되감는 생물이 실제로 존재한다면 믿으시겠어요? 생명의 순환은 태어나고, 자라고, 늙고, 결국 죽어서 사라지는 것이 전부라고 생각하기 쉽지만, 자연은 그런 틀을 깨는 존재도 보여줍니다. 바로 오늘의 주인공, 홍해파리가 그렇습니다. 겉보기엔 평범한 작은 해파리지만, 이 생물은 '영생 해파리'(immortal jellyfish)라는 별명으로 과학계와 대중의 시선을 사로잡고 있죠.

1980년대 이탈리아의 한 해양생물 연구실에서 우연히 관찰된 홍해파리는 일반 해파리와는 달리 일생을 거꾸로 돌릴 수 있는 능력을 지니고 있습니다. 스트레스나 환경 변화에 반응해 이미 성체가 된 자신을 다시 어릴 적 상태로 되돌려버리는 능력이죠.

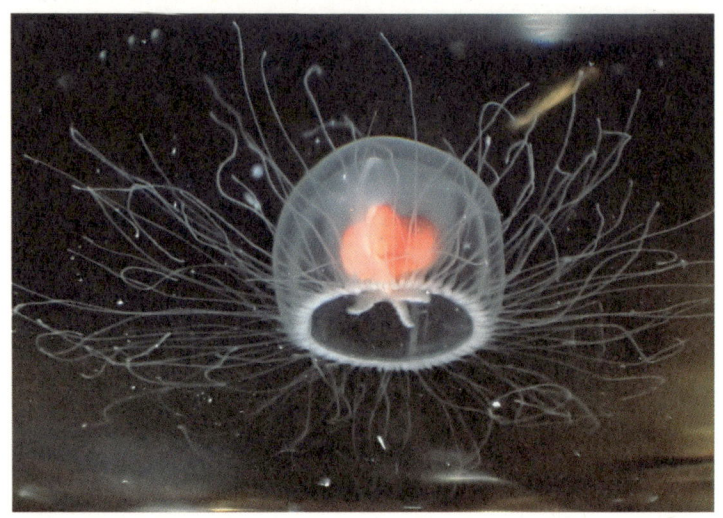

홍해파리 붉은색 혹은 주황빛을 띠어 '홍해파리'라고 불립니다. 자연환경 속에서는 포식자에게 잡아먹히거나 수온이 바뀌어 죽지만, 최적의 서식 조건을 유지할 수 있는 인공 환경에서는 자연사하지 않는다는 사실이 드러나 연구자들을 충격에 빠뜨렸습니다.

시간을 되감는 생물학적 마법을 부린다고나 할까요? 이 과정을 '전환 분화'(transdifferentiation)라고 부르는데, 이는 이미 특정한 역할을 맡고 있던 성체세포들이 다시 줄기세포처럼 초기 상태로 되돌아가서 새로운 세포로 재분화하는 과정을 뜻합니다. 한번 만들어진 세포의 역할이 끝나면 소멸하는 게 아니라, 아예 리셋 버튼을 누른 것처럼 다른 방향으로 새롭게 태어난다는 뜻이죠.

홍해파리의 생애를 살펴볼까요? 먼저 바닷속 바위 같은 단단한 표면에 붙어 사는 폴립(polyp) 단계가 있습니다. 이 시기에는

작은 촉수로 먹이를 잡아먹으며 조용히 성장합니다. 이후 환경 조건이 맞아떨어지면 폴립은 메두사(medusa)라는 해파리의 본체 모습으로 전환됩니다. 대부분 해파리는 이 메두사 단계에서 번식을 마치고 서서히 생을 마감하지만 홍해파리는 달라요. 스트레스를 받거나 위험한 상황에 놓이면 메두사 상태에서 다시 폴립 단계로 회귀해버립니다. 마치 인간이 노인이 되었다가 다시 유년기로 돌아가는 것과 같은 현상입니다.

이 놀라운 생명 역행은 단순한 생존 전략이 아니라, 세포 내 유전자 발현 패턴이 바뀌는 정교한 생물학적 원리에 기반한 것입니다. 노화와 관련된 유전자들의 스위치는 꺼지고, 발달과 분화에 관련된 유전자들이 다시 활성화됩니다. 일부 세포는 줄기세포처럼 다양한 세포로 분화할 수 있는 성질을 부분적으로 회복하는 '역분화'(reprogramming) 과정을 거치기도 합니다.

홍해파리의 능력은 고대신화 속 존재들을 떠올리게 합니다. 그리스신화에 등장하는 거대한 뱀을 닮은 괴물 히드라(Hydra)처럼 머리를 자르면 두개의 머리가 자라나는 무한 재생의 상징 같기도 합니다. 영화 「벤자민 버튼의 시간은 거꾸로 간다」(The Curious Case of Benjamin Button) 속 주인공 벤자민 버튼처럼 시간이 거꾸로 흐르는 삶을 사는 인물과도 닮았죠. 그런 점에서 '벤자민 버튼 해파리'라는 별명이 붙은 것도 무리는 아닙니다. 과학·신화·예술이 자연의 한조각인 홍해파리를 중심에 두고 맞닿는 순간입니다.

물론 지금 당장 인간이 홍해파리처럼 생애주기를 리셋할 수 있는 것은 아닙니다. 그러나 이 작은 해양생물은 우리에게 중요한 힌트를 제공합니다. 이미 성체가 된 세포가 다시 초기 상태로 되돌아갈 수 있다면, 우리 몸의 손상된 세포나 조직을 재생시키는 줄기세포 연구에도 새로운 가능성이 열린다는 뜻이니까요. 실제로 홍해파리의 유전자 발현과 세포 변화 과정을 분석한 여러 연구 결과를 살펴보면 이 생명 역행이 단순한 돌연변이나 우연이 아니라 전자기기 스위치를 켜고 끄는 것과 같은, 아주 정교한 유전자 조절 네트워크에 의해 이루어지는 생물학적 현상임이 밝혀지고 있습니다.

과학자들은 이 해파리의 재생과정이 인간의 노화를 이해하는 열쇠가 될 수 있음을 깨달았습니다. 특히 세포 내부에서 일어나는 유전자를 켜고 끄는 '스위치 조절'은 인간의 세포 노화과정과도 비슷한 패턴을 보이며, 미래 의료기술의 새로운 가능성을 열어줍니다. 과학자들은 이러한 유전자 조절 원리를 밝히면 인간의 노화를 늦추거나 퇴행성 질환 치료에 새로운 돌파구를 마련할 수 있으리라 기대합니다. 다만 현재로서는 아직 기초연구 단계에 머물러 있습니다.

홍해파리 이야기는 그저 신기한 생물 이야기로만 볼 수도 있지만, 여기에는 자연이 오랜 시간에 걸쳐 빚어낸 정교한 생명 원리가 숨어 있습니다. 우리는 아직 그 원리의 일부만 이해했을 뿐이지만, 그 일부만으로도 과학과 의학은 새로운 방향을 모색하고 있죠. 언젠가 인간이 그 원리를 완전히 밝혀낸다면 우리의 삶은 지금보다 훨씬 더 오래, 그리고 건강하게 이어질지도 모릅니다.

Q. 홍해파리처럼 시간을 되돌리고 노화를 멈추는 능력, 인간에게 필요할까?

생각해볼 포인트

☑ **삶의 의미와 죽음**
  • 죽음이 있기에 삶이 소중한 걸까, 아니면 죽음 없이도 삶은 충분히 가치 있을까?

☑ **과학과 윤리**
  • 생명 연장 연구는 어디까지 허용해야 할까?
  • 인간의 자연스러운 생애주기를 바꾸는 게 옳을까?

☑ **사회와 자원**
  • 수명이 끝없이 늘어나면 인구·자원 문제는 어떻게 해결해야 할까?
  • 세대 교체가 중단될 경우, 사회 발전은 어떤 영향을 받을까?

☑ **개인적인 선택**
  • 만약 나에게 "시간을 되돌리는 능력"이 주어진다면 쓸 것인가 말 것인가?
  • 무의미한 영생보다는 '건강하게 오래 사는 삶'을 지향할 수도 있지 않을까?

12. 일란성 쌍둥이의 지문은 똑같을까?

손가락 끝에 새겨진 무늬를 가만히 들여다본 적 있나요? 평소에는 스마트폰 잠금 해제용이나 신분 확인용 정도로만 쓰이는 이 지문은 사실 태아 시절부터 시작된 세포들의 정교한 협업과 환경이 빚어낸 우연이 절묘하게 맞물려 만들어진 자연의 예술작품입니다. 마치 아무도 흉내 낼 수 없는 나만의 사인처럼, 이 작은 무늬들은 각기 다른 독특한 모양으로 세상에 나옵니다.

지문은 고리형, 소용돌이형, 아치형 등 다양한 패턴으로 나타나는데, 이 모양들은 전적으로 유전자의 명령만으로 결정되지는 않습니다. 유전적 설계도가 있긴 하지만, 태아가 자궁 속에서 자라는 동안의 미세한 환경 변화가 이 설계를 변주하면서 지문은 점차 나만의 무늬로 완성되죠. 양수의 압력, 자궁벽에 닿는 태아

지문의 종류 사람의 지문에는 세가지 기본 패턴이 있습니다. 왼쪽부터 첫번째 지문은 소용돌이형으로, 둥근 중심점이 특징입니다. 두번째 지문은 고리형으로 한쪽에서 들어왔다가 다시 같은 쪽으로 돌아나가는 무늬입니다. 세번째 지문은 아치형으로 지문이 산처럼 올라갔다가 내려가는 모양입니다.

의 손 위치, 세포 분열 속도 등, 모든 것이 지문을 결정 짓는 요인이 될 수 있습니다. 이 때문에 일란성 쌍둥이조차도 서로 다른 지문을 가지게 되죠. DNA는 같지만, 손끝의 지문은 세상의 그 누구와도 다르다는 사실이 참 흥미롭지 않나요?

지문은 태아가 자궁 속에 있을 때, 대략 임신 13주 차부터 형성되기 시작합니다. 이 시기에 '융선'이라 불리는 미세한 선들이 손가락 끝에 나타나고 약 17주쯤 되면 1차 융선이 완성되며, 이어 2차 융선이 덧붙으면서 우리가 보는 복잡한 지문 패턴이 완성됩니다. 이 모든 과정에서 세포들은 마치 작은 조각가처럼 자신에게 주어진 환경과 유전 정보를 바탕으로 손가락 끝에 유일무이한 무늬를 새기게 되는 것이죠.

지문 패턴의 형성을 설명하는, 최근 가장 주목받는 이론 중 하나는 바로 수학자 앨런 튜링(Alan Turing)이 1952년에 제시한 '튜링 패턴'(turing pattern)입니다. 튜링은 '촉진제'(activator)와 '억제제'(inhibitor), 이렇게 두가지 종류의 물질이 서로 영향을 주고받으며 독특한 무늬를 만들어낸다는 아이디어를 제시했습니다. 촉진제는 자신과 유사한 물질의 생성을 부추기고, 억제제는 말 그대로 이를 억제합니다. 이 두 물질이 일정한 비율과 속도로 상호작용하면서 복잡한 패턴을 형성한다는 것이죠. 얼룩말이나 호랑이의 줄무늬처럼 자연계에서 흔히 볼 수 있는 무늬들이 이 이론으로 설명됩니다. 태아의 손가락 피부에서 표피 융선이 발달하는 과정이 이러한 원리와 유사하게 작동한다고 보고 있습니다. 세포·신호 분자의 미세한 상호작용이 촉진과 억제의 균형을 만들고, 그 결과 섬세한 곡선의 무늬들이 손끝에 새겨지는 것이죠.

지문은 단지 외형적인 무늬에 그치지 않습니다. 손끝의 융선은 표면과의 마찰력을 높여 물체를 더 안정적으로 잡을 수 있게 하고, 융선 사이의 미세한 굴곡은 촉각 수용기를 자극해 감각을 더욱 예민하게 만듭니다. 사소해 보이지만 이 기능은 나무를 타고 다니던 우리 조상들에게 유용했을 겁니다. 나아가 오늘날 정교한 도구를 다루는 우리의 일상에도 큰 도움을 주죠. 흥미롭게도 침팬지와 고릴라 같은 영장류뿐 아니라 코알라도 사람과 매우 유사한 지문이 있습니다. 이들 역시 나뭇가지를 단단히 붙잡거나 잎을 집어먹는 동작이 생존과 직결되기 때문에 비슷한 지문 구조를 갖게 된 것으로 보입니다.

현대의 과학기술은 지문이 지닌 고유한 무늬와 질서를 다양한 방식으로 활용하고 있습니다. 여러분의 스마트폰은 손끝 무늬를 인식해 화면 잠금을 풀고, 금융 결제를 승인하며, 보안을 유지하죠. 여기에 사용되는 지문 인식 기술에는 크게 초음파 방식과 광학 방식, 정전 방식이 있습니다. 초음파 방식은 손가락에 초음파를 보내 되돌아오는 시간과 강도를 분석해 지문의 입체적 구조를 감지하고, 광학 방식은 빛의 반사량을 분석해 지문의 무늬를 2D 이미지로 인식합니다. 정전식은 손끝과 센서 사이의 미세한 전기 용량 변화를 감지해 융선과 골을 구분합니다. 이처럼 인류는 수백만년의 진화로 빚어진 자연의 정교한 무늬를 관찰하고, 이를 활용하는 첨단 보안 기술을 구현해냈습니다.

지문은 단순한 무늬가 아니라, 생명과 환경이 빚어낸 진화의 흔적이자 자연이 남긴 설계도의 한 조각입니다. 그러니 잠깐 시간을 내서 자신의 손끝을 천천히 들여다보세요. 유전과 환경이 씨줄과 날줄처럼 얽혀 만들어낸, 세상 단 하나뿐인 무늬가 새겨져 있을 겁니다. 자연이 수백만년에 걸쳐 다듬어온 걸작이, 지금 이 순간 여러분의 손가락 끝에 담겨 있습니다.

3장 상상과 현실 사이, 선을 넘는 과학

미켈란젤로부터 피카츄까지, 생물학의 눈으로 보다

1. 시스티나 성당에서 미켈란젤로 코드를 찾아라

성당 문을 열고 들어서는 순간, 모두의 시선이 한곳으로 향합니다. 고개를 한껏 젖힌 채로 잠시 숨이 멎습니다. 천장을 가득 채운 미켈란젤로(Michelangelo)의 역작, 「천지창조」(The Creation)가 눈앞에 펼쳐지기 때문이죠. 이 놀라운 장면을 보기 위해 해마다 500만명이 넘는 사람들이 지구 곳곳에서 몰려듭니다. 아마 시스티나 성당은 세계에서 가장 많은 사람이 다녀갔고, 다녀갈 예배당일 겁니다.

「천지창조」에서 핵심을 이루는 그림 중 하나가 「아담의 창조」(The Creation of Adam)입니다. 창조주의 손끝과 아담의 손끝이 맞닿기 직전, 그 찰나를 우리는 흔히 생명의 불꽃이 인간에게 옮겨지는 장면으로 읽습니다. 그러나 어떤 의학자들은 그 속에서

시스티나 성당의 「천지창조」 미켈란젤로는 창세기의 주요 장면을 담은 가로 41.2미터, 세로 13.2미터의 이 위대한 걸작을 완성하기 위해 4년 동안 고개를 뒤로 젖힌 채 천장에 그림을 그렸습니다.

전혀 다른 형상을 봅니다. 마치 미켈란젤로가 천장 위의 그림에 세상에 공개되지 않은 또 하나의 비밀을 봉인해둔 것처럼 말이죠.

미켈란젤로는 타의 추종을 불허하는 천재였습니다. 여든아홉 살로 눈을 감을 때까지 조각가, 화가, 건축가, 시인, 해부학자라는 이름표를 달고 르네상스의 황금기를 질주한 이탈리아인이었죠. 시스티나 성당의 천장화 작업을 맡으면서 그는 한가지 조건을 걸었다고 합니다. "내가 그리고 싶은 대로 그리겠다." 그 자유가 어디까지 허락되었는지는 아무도 모릅니다. 하지만 미켈란젤로가 해부학에 광적인 관심과 비범한 지식을 가졌다는 사실은, 그림 속에 해부학적 암호를 숨겨두었을지도 모른다는 세간의 추측을 불러일으켰습니다.

가장 유명한 해석은 「아담의 창조」에 관한 것입니다. 창조주와 천사들이 붉은 망토에 싸여 하늘을 나는 장면을 보면, 그 붉은 형상이 기묘하게도 인간 뇌의 단면과 닮았다는 것이죠. 척추동맥이 있어야 할 자리에 녹색 스카프가 나부끼고, 한 천사의 팔은 시신경처럼 뻗어 있습니다. 심지어 척수가 있을 자리에 천사의 다리가 놓여 있죠.

당시 사람들은 뇌를 '몸의 통제센터'가 아니라 '피를 식히는 장치' 정도로 여겼습니다. 몸과 영혼을 지배하는 최고 권좌에는 심장이 앉아 있었죠. 오늘날에도 그 흔적은 남아 있습니다. 예를 들어 영어에서 'from all my heart'는 '진심으로', 'by heart'는 '외워서'라는 뜻으로 쓰입니다. 이처럼 심장을 인간의 중심으로 보고, 지적 활동까지 관장한다고 보는 전통은 여전히 우리 언어 속에 살아 있죠. 그런데 일부 학자들은 미켈란젤로가 이 오래된 권

위에 도전했다고 해석합니다. 심장이 아니라 뇌야말로 인간을 지배하는 진정한 주인이라는 선언을 천장 한가운데에 은밀히 새겨 넣었다는 겁니다.

그렇다면 이번엔 「아담의 창조」를 산부인과 의사의 눈으로 들여다볼까요? 그냥 보기엔 아담이 바위 위에 비스듬히 몸을 기댄 채 휴식을 취하는 장면 같습니다. 그런데 시선을 조금만 바꾸면, 바위 뒤쪽에 그려진 파란 형체가 눈에 들어옵니다. 아담의 머리 위엔 젖꼭지처럼 보이는 무언가가 있고, 아래로 이어지는 곡선은 마치 여성의 몸 윤곽을 은근히 드러내는 듯합니다.

2015년 이탈리아 산부인과 의사들은 이 점에 주목했습니다. 일각에서 '뇌의 단면'이라 주장해온 그 붉은 타원형이 사실은 출산 직후의 자궁이라는 파격적인 해석을 내놓은 것이죠. 그들은 타원 안쪽에 보이는 주름진 부분을 근거로 들었습니다. 자궁 근육이 강하게 수축하며 만들어지는 이 접힌 주름은 출산 직후에만

아담의 창조 「천지창조」의 일부분으로 하느님이 최초의 인간 아담에게 생명을 불어넣는 장면을 감동적으로 그리고 있습니다.

뚜렷하게 나타난다고 합니다. 게다가 타원을 둘러싼 검붉은 색조는 그동안 단순한 색채 표현이라 여겨졌는데, 그 부분이 마치 출혈 흔적처럼 보인다는 점이 이 새로운 해석에 힘을 더했습니다.

시선을 타원 아래쪽으로 옮겨보면, 안으로 움푹 들어간 부분이 있습니다. 산부인과 의사들은 이곳이 자궁경부에 해당한다고 해석합니다. 반대편, 즉 타원의 오른쪽 윗부분에는 사과 꼭지 같은 작은 돌기가 보이는데, 그들은 이것을 속이 빈 관의 단면, 곧 나팔

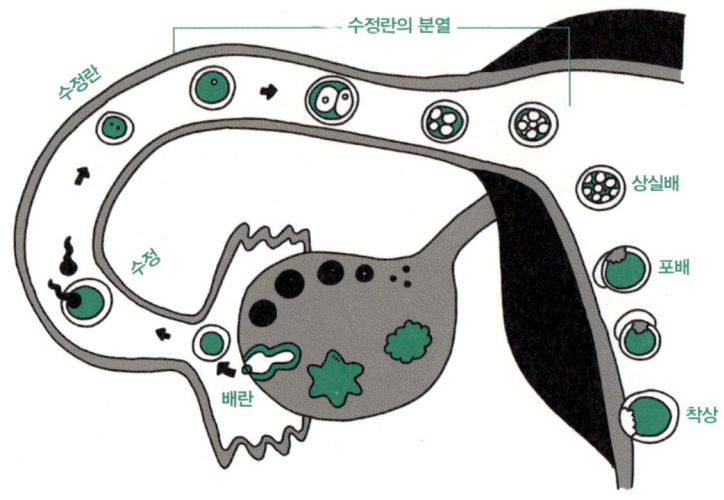

관이라고 설명합니다. 그리고 그 아래쪽에 얼룩처럼 보이는 붉은 점이 하나 있습니다. 복원과정에서 덧칠된 흔적이라고 여겨졌지만, 모양과 위치를 근거로 그것이 난소일 가능성도 제기했습니다. 원본에서는 훨씬 더 뚜렷하게 묘사됐을 수 있는데, 후대의 복원 작업이 오히려 그 의미를 지워버렸을 가능성도 있다는 겁니다.

방금 언급한 생물학 용어들을 간단히 정리해볼까요. 나팔관은 난자를 만드는 난소(卵巢, 알집)와 자궁을 연결하는 가느다란 관입니다. 이름 그대로 난소와 접하는 쪽이 나팔처럼 퍼져 있죠. 나팔관은 성숙한 난자가 자궁으로 가는 통로입니다. 난소에서 난자가 성숙하면 난소를 떠나 나팔관으로 들어갑니다. 만일 난자가 나팔관 안에 있다가 정자를 만나게 되면 수정이 일어나죠. 수정란은 나팔관 내벽에 있는 섬모와 연동운동을 통해 자궁으로 갑니다. 이동하면서 계속 분열하여 수정 후 약 일주일 뒤에 자궁에 도달할 때쯤에는 속이 빈 포배(胞胚, 초기 단계의 배아) 상태로 자궁 내막에 들어가 자리를 잡고 발생을 시작합니다. 이것을 착상(着床)이라고 하며 이때부터 임신이 되었다고 하죠.

1482년 교황 식스투스 4세(Sixtus IV)는 아주 중요한 칙서를 반포합니다. 처형당한 범죄자들의 시체나 신원을 알 수 없는 거리의 시체들을 의사와 예술가들이 해부용으로 사용할 수 있도록 허가했지요. 교회와 아주 돈독한 관계를 유지했던 미켈란젤로는 오늘날의 의대생들보다 직접 인체를 해부해 관찰해볼 기회가 더 많았을 겁니다. 그렇게 습득한 지식을 「아담의 창조」에 담지 않았을까요? 인류 탄생의 순간을 해부학적 상징으로 재해석하기 위해서 말입니다. 이제 그림을 다시 보니 창조주 곁에 선 인물들이 새삼스럽게 시선을 붙잡습니다. 혹시 앞으로 태어날 인류를 나타낸 것은 아닐까요? 창조주 바로 옆의 여인은 아직 세상에 오지 않은 이브일지도 모릅니다.

미켈란젤로는 작품 앞에 선 이들에게 하나의 정답만을 요구하지 않았을 것입니다. 오히려 각자의 시선과 상상력이 자유롭게 뻗어가길 바랐겠죠. 그는 이미 예견하고 있었는지도 모릅니다.

미래사회가 진정으로 필요로 하는 인재는, 단순히 지식을 전달하는 사람이 아니라 서로 다른 배경과 맥락을 넘나들며 창의적으로 사고하고 지식을 융합하는 사람이라는 것을.

2. 피노키오는 어떻게 고래 뱃속에서 살아남았을까?

진짜 사람이 되기를 꿈꾸며 별을 향해 손을 뻗은 나무인형 피노키오. 하지만 그 여정은 결코 쉽지 않았습니다. 거짓말을 할 때마다 코가 길어지는 벌을 받았고, 유혹에 넘어가 길을 잃기도 했지요. 그러던 어느날, 그는 아버지 제페토를 구하기 위해 깊고 어두운 바닷속으로 뛰어들었다가 거대한 고래에게 먹히고 맙니다.

피노키오의 이야기는 이탈리아 작가 카를로 콜로디(Carlo Collodi)가 1881년부터 2년에 걸쳐 지역 아동신문에 연재한 소설 피노키오의 모험」(Le Avventure di Pinocchio)이 원작입니다. 우리가 익히 알고 있는 디즈니 애니메이션과는 분위기가 꽤 다릅니다. 원작의 피노키오는 더 심각한 나쁜 짓을 저지르며, 인간으로 변해가면서 훨씬 더 험난하고 혹독한 과정을 겪지요. 원래 콜

로디는 이 이야기를 다소 냉소적인 교훈극으로 끝내려 했지만, 어린 독자들의 반응이 폭발적으로 이어지자 결국 희망적인 결말로 방향을 틀었습니다. 그 덕분에 지금 우리가 아는 '진짜 사람이 된' 피노키오가 탄생하게 된 것입니다.

이야기 속 가장 극적인 순간은 역시 피노키오가 아버지 제페토를 구하기 위해 고래 뱃속으로 뛰어드는 장면이 아닐까요? 그는 고래 뱃속에서 나뭇가지와 목재를 태워 연기를 만들어내고, 그 연기가 고래의 콧구멍까지 차오르자 결국 고래는 강한 재채기를 하며 두 사람을 바깥으로 뿜어냅니다. 곧 분노한 고래가 뒤따라오고, 피노키오는 아버지를 지키기 위해 스스로를 희생하지요. 제페토는 간신히 해안으로 피신하지만 피노키오는 기력이 다해 의식을 잃습니다. 그 순간, 그의 용기와 희생은 기적을 불러오고 파란 요정의 마법으로 다시 살아난 피노키오는 마침내 진짜 소년이 되어 해피엔딩을 맞이합니다.

자, 그런데 문득 과학적인 의문이 하나 떠오릅니다. 정말로 고래가 재채기를 해서 사람을 뱉어낼 수 있을까요? 그리고 피노키오와 제페토가 고래 뱃속에서 살아남는 것이 과연 가능했을까요? 어린 시절에는 마법처럼 믿었던 이 장면을, 이제는 과학의 눈으로 조금 더 섬세하게 들여다보려 합니다.

먼저 이 고래의 정체부터 살펴보죠. 영화 포스터에 그려진 모습과 여러 묘사를 종합해볼 때, 가장 유력한 후보는 향유고래입니다. 이 고래는 지구상에서 가장 큰 이빨고래로, 수컷은 최대 20미터, 무게는 50톤 이상까지 자라기도 합니다. 머리가 몸 길이의 3분의 1을 차지할 정도로 크고 네모난 형태를 하고 있어 무척 눈에 잘 띕니다.

향유고래는 심해에서 주로 대형 오징어를 사냥하며, 음파탐지 능력을 이용해 어두운 바닷속에서 먹이를 찾습니다. 실제로 그 뱃속에서 소화되지 않은 대왕오징어 사체가 발견되기도 합니다. 이는 고래가 오징어를 잘라 먹지 않고 그대로 삼키기 때문인데요, 그렇다면 사람도 통째로 삼킬 수 있을까요? 가능성은 아주 낮지만, 이론상으로 완전히 불가능하지는 않습니다. 다만 살아남기는 매우 어렵죠. 향유고래의 소화기관 구조를 살펴보면 그 이유를 알 수 있습니다.

향유고래의 위는 우리가 흔히 알고 있는 소의 위처럼 네개로 나뉘어 있습니다. 그러나 소처럼 되새김질을 하지는 않습니다. 가장 앞에 있는 '전위'는 일종의 대기실 역할을 합니다. 여기서 소화가 본격적으로 시작되지는 않고 음식물이 일시적으로 저장되죠. 이곳에 있는 동안에는 비교적 약한 소화작용이 일어나기 때문에, 이론상 사람이 잠시 머물 수는 있습니다. 물론 아주 짧은 시간 동안만 말이죠. 두번째 위인 '본위'부터는 상황이 달라집니다. 강력한 위산과 소화효소가 쏟아지기 시작하고, 거대한 대왕 오징어든 무엇이든 단백질 조직이 빠르게 분해되기 시작합니다. 피노키오와 제페토가 여기에 도달했다면? 살아남기는 불가능했을 겁니다.

그뒤로도 '유문위' '장전위'로 이어지며 음식물은 단계적으로 더 잘게 분해되고, 소화된 영양분은 소장을 통해 흡수됩니다. 소화과정을 거치는 동안 향유고래는 '용연향'을 만들어냅니다. '용의 침으로 만든 향'이라는 뜻이지만 실제로는 향유고래가 소화되지 않은 먹이 찌꺼기를 담즙과 함께 토해낸 것입니다. 바다의 화학 성분과 섞이며 단단히 굳은 이 덩어리는 주로 해변으로 떠밀려와 사람들에게 발견됩니다. 겉보기엔 돌덩이 같고 처음엔 썩은 냄새가 나지만 정제하면 고가의 향료로 변신합니다.

그렇다면 고래가 정말 재채기를 할 수 있을까요? 결론부터 말하면 불가능합니다. 고래는 폐로 호흡하는 포유류지만 숨을 쉬는 코(분기공)는 머리 꼭대기에 있고, 음식물이 드나드는 식도는 아래에 별도로 있습니다. 그러니까 위에서 발생한 연기가 머리 꼭대기로 올라가 코를 자극한다는 설정은 신체 구조상 성립하기 어렵습니다. 사람처럼 코가 목 안과 직접 연결된 것도 아니고요.

게다가 고래는 공기를 내뿜을 때 사람처럼 "하-취!"하고 내지르지 않습니다. 물 위로 올라와 숨을 내쉴 때 분기공으로 강하게 뿜어낼 뿐입니다. 그러니 연기에 자극받아 재채기를 하며 입으로 피노키오를 뱉어낸다는 장면은, 과학적으로 보면 과장된 상상이죠. 설령 트림을 한다고 해도 내용물이 식도를 타고 입까지 올라올 확률은 아주 낮고, 그 과정에서 사람이 살아남을 확률은 현실적으로 거의 없습니다.

이쯤에서 다시 피노키오 이야기로 돌아가보죠. 겉으론 환상적인 모험담이지만 그안에 담긴 메시지에서는 더욱 진한 현실이 배어나옵니다. 피노키오가 보여준 용기와 희생은 우리 모두의 이야기이기도 합니다. 철학자 조르조 아감벤(Giorgio Agamben)은 피노키오를 단순한 동화가 아니라 '인간이란 무엇인가'를 묻는 깊은 사유의 작품으로 해석했습니다. 나무인형이 진짜 사람이 되기까지의 여정은, 우리가 인간답게 살아가려 애쓰는 과정과 닮아 있다는 점에서요.

끝으로 떠오르는 장면 하나. 아버지 제페토가 피노키오에게 조용히 말합니다.

"넌 언제까지나 나의 진짜 아들이란다. 무엇 하나도 바꿀 필요 없단다. 네가 정말 자랑스럽구나. 그리고 널 많이 사랑한단다."

이 말에는 단순한 사랑 이상의 의미가 담겨 있습니다. 인간을 인간답게 만드는 것, 그것이 무엇인지를 말이지요. 과학적으로는 불가능한 이야기일지라도, 이런 상상은 우리가 더 깊이 생각하고 더 따뜻한 사람이 될 수 있도록 도와줍니다. 그런 의미에서 피노키오의 고래 뱃속 탈출은 여전히 아름다운 이야기입니다.

3. 피카츄의 생체 배터리 시스템은 어떻게 작동할까?

 피카츄가 현실 세계에 존재할 수 있을까요? 물론 귀가 길고 번개 모양의 꼬리를 가진 노란 생쥐가 실제로 존재하진 않겠죠. 제가 여러분께 소개하고 싶은 건, 자연 속에서 스스로 전기를 만들어내는 신비한 생물입니다. 피카츄는 설정상 뺨에 전기를 저장해 두었다가 적을 공격하거나 친구들과 장난칠 때 방출하죠. 그렇다면 자연계에도 그런 생물이 있을까요? 결론부터 말하자면, 있습니다! 그 대표 주자가 바로 전기가오리입니다.

 전기가오리는 제주 바다나 남해에서도 만날 수 있는 생물인데 알고 보면 꽤 놀라운 능력을 지니고 있습니다. 둥글넓적한 몸에 날개처럼 펴진 지느러미, 늘 웃는 듯한 얼굴 덕에 사람들은 종종 이 녀석을 만만하게 생각하죠. 하지만 방심했다간 감전될 수 있습니다. 이 생물은 실제로 전기를 '만들어내서' 사용하는 능력이 있거든요.

피카츄가 뺨에서 전기를 쏘아내듯, 전기가오리도 몸속에 있는 '발전기관'이라는 특수 구조를 통해 전기를 만들어냅니다. 이 기관은 변형된 근육세포인 '전기세포'로 이루어져 있고 지느러미 근처에 자리 잡고 있습니다. 각각의 세포가 작은 배터리처럼 작동해 소듐(Na^+)과 포타슘(K^+) 같은 이온을 드나들게 하며 작은 전기신호를 만들어냅니다. 여러 세포가 직렬로 배열돼 동시에 전기를 방출하면 상당한 전압이 발생하죠. 우리가 건전지를 여러개 직렬로 연결했을 때처럼 말이에요.

그렇다면 전기가오리는 어쩌다가 이렇게 정교한 '생체 배터리 시스템'을 갖추게 됐을까요? 답은 간단합니다. 생존 때문이죠. 전기가오리는 주로 바닷속 모래나 진흙 속에 몸을 숨긴 채 먹잇감이 다가오기를 기다립니다. 그리고 적당한 순간이 오면 '찌릿!' 전기 충격을 가해 먹이를 사냥하죠. 큰 물고기나 사람이 건드리면 자신을 보호하기 위해 강한 전기를 내보내기도 합니다. 이때 방출되는 전압은 종마다 차이가 있지만, 최대 200볼트 안팎까지 가능합니다. 사람도 만지면 단순히 놀라는 수준을 넘어 강한 충격을 느낄 만한 세기입니다. 심지어 전기를 방출할 수 있는 또다른 생물들인 전기메기는 350볼트, 전기뱀장어는 800~860볼트에

이르는 강력한 전기 충격을 낼 수 있습니다. 피카츄의 '백만 볼트'가 허풍만은 아닐지도 모르겠네요. 물론 실제 전압은 만화에 비하면 한참 덜하긴 합니다만.

이처럼 자연계에서 전기를 만들어내는 생물들이 주로 물속에서 발견되는 데에는 다 이유가 있습니다. 순수한 물은 전기를 잘 전달하지 않지만, 바닷물과 강물에는 염분이나 미네랄이 녹아 있어 훌륭한 전도체 역할을 합니다. 덕분에 전기 신호가 멀리, 안정적으로 전달될 수 있죠. 특히 강바닥이나 탁한 연안, 심해처럼 시야가 제한된 환경에서는 전기 신호가 사냥과 방어에 큰 이점이 있습니다.

실제로 전기가오리나 전기뱀장어, 전기메기 같은 물고기들은 주변의 전기장을 감지하는 능력도 발달해 있습니다. 눈 대신 전기로 환경을 탐색하는 거죠. 반면 공기 중에서는 전기가 금세 사라져버리기 때문에 육상 동물 중에 이런 능력을 발달시킨 사례는 거의 없습니다. 예외적으로 오리너구리와 가시두더지는 먹잇감을 찾기 위해 약한 전기 감지 능력을 사용하고 있는데 주로 물속 사냥에 쓰입니다. 일부 곤충의 애벌레가 미세 전압을 발생시키는 사례도 보고된 바 있습니다. 그러나 이는 방어용 무기가 아니라 화학반응이나 근육운동의 부산물 수준입니다. 피카츄가 '거의 유일한' 육상 전기 포켓몬으로 설정된 것도 과학적으로 보면 타당한 상상인 셈입니다.

놀랍게도 전기를 만들어 쓰는 생물은 물고기나 곤충만이 아닙니다. 미생물 세계에도 '전기쟁이'들이 숨어 있어요. 그 대표 주자가 바로 전기 박테리아입니다. 이들은 오염물질이나 금속 이온에서 전자를 뽑아내고, 이 전자를 세포막 바깥으로 이동시켜 외부 전극에 전달하면서 전류를 만들어냅니다. 쉽게 말하면 쓰레기를 먹고 전기를 뿜는 셈이죠. 실제로 이런 박테리아를 이용한 미생물 연료전지('박테리아 발전소'라고도 불립니다) 개발 연구가 진행 중입니다. 폐수 속 유기물이나 음식물쓰레기 침출수를 먹이로 주면 박테리아가 이를 분해하며 만들어낸 전류를 모아 전력으로 쓸 수 있죠. 아직 대규모 상용화를 하기에는 효율과 비용 문제라는 벽이 있지만, 미래의 친환경 에너지원 후보로 주목받고 있습니다. 언젠가는 정말로 박테리아 발전소가 미래의 친환경 에너지원이 될지도 모르겠네요.

전기는 단순한 공격 수단이나 에너지원만이 아닙니다. 어떤 생물들은 이 전기를 소통수단으로도 씁니다. 예를 들어 아프리카에 사는 전기메기는 매우 약한 전기 신호를 뿜어 동료들과 소통하죠. 우리에게 문자메시지가 있듯, 전기메기에게는 전기신호가 있습니다. 이쯤 되면 생물들의 전기 활용법이 정말 무궁무진하다는 걸 실감하게 됩니다.

이런 전기생물들의 작동 원리는 생물학을 넘어 로봇공학과 인공지능 분야에도 영감을 주고 있습니다. 생물의 전기 감지 능력을 모방한 센서를 로봇에 장착해 흐린 물속에서 장애물을 탐지하거나, 신경 신호 전달 방식을 본뜬 전기 반응 시스템을 인공지능 제어에 응용하는 연구가 진행 중입니다. 주변 자극에 실시간으로 반응하는 전기 감지 로봇은 이미 실험 단계에서 성과를 보이고 있습니다.

이뿐만이 아닙니다. 생체전기 연구는 의료 기술에서 이미 폭넓게 활용되고 있습니다. 심장박동을 조절하는 인공 심박동기라든가, 전기 자극으로 신경치료를 돕는 신경자극기, 몸에 부착하거나 삽입해 생체전기 신호를 모니터링하거나 치료하는 다양한 웨어러블(wearable) 전기 의료기기가 등장했죠.

마지막으로 아주 오래된 이야기 하나. 생명의 기원에도 전기가 아주 중요한 역할을 했을 가능성이 큽니다. 1952년, 스탠리 밀러(Stanley Miller)와 해럴드 유리(Harold Urey)는 원시지구 대기(메탄, 암모니아, 수소, 수증기) 혼합 기체에 전기 방전을 일으키는 실험을 했습니다. 그 결과, 아미노산을 비롯한 생명체 구성 성분이 만들어졌습니다. 당시 지구에는 수많은 번개가 쳤던 것으로 추정되는데, 이 번개가 생명 탄생에 필요한 에너지를 제공했을 가능성이 매우 높습니다. 전기가 없었다면 생명체가 존재하지 않았을지도 모를 일입니다.

이제 처음 질문으로 돌아가봅시다. 피카츄 같은 전기생물이 현실에 존재할 수 있을까요? 이미 존재합니다. 번개 꼬리를 흔드는 노란 생쥐는 아닐지라도, 전기가오리, 전기뱀장어, 전기 박테리아, 그리고 신경 신호로 전기를 주고받는 우리 인간까지 현실 속 생명의 세계는 생각보다 훨씬 전기와 연관이 많습니다. 피카츄는 그저 귀엽기만 한 상상의 캐릭터가 아니라, 자연의 신비와 미래 기술의 상상력을 한 몸에 담은 상징이 아닐까요?

Q. 생체전기, 어디까지 활용 가능할까?

생각해볼 포인트

- ☑ 전기가오리나 전기뱀장어처럼 생물이 전기를 만들어내는 원리를 알면 인간이 새로운 에너지를 얻는 데 어떻게 응용할 수 있을까?
- ☑ 전기 박테리아처럼 쓰레기를 먹고 전기를 만드는 생물이 대규모 에너지원으로 활용된다면 환경 문제 해결에 도움이 될까?
- ☑ 우리 인간도 전기생물이라면 전기 신호로 다른 생명체와 소통할 수 있을까?

4. 영화「혹성탈출」의 현실화 가능성은?

 유인원이 인간처럼 말을 할 수 있을까? 영화「혹성탈출」(Planet of the Apes) 시리즈를 본 사람이라면 누구나 떠올려봤을 법한 물음입니다. 영화 속 유인원들은 점점 더 똑똑해지고, 스스로 조직을 만들며, 인간의 언어를 배우기까지 하죠. 그 모습을 보고 있노라면 '정말로 저런 일이 가능할까?' 하는 생각이 듭니다. 하지만 현실은 영화만큼 간단하지 않습니다.

 이 영화의 원작은 1963년 프랑스 작가 피에르 불(Pierre Boulle)이 쓴 소설이며 여러 차례 영화로 재탄생했습니다. 특히 2011년부터 2017년까지 이어진 리부트 3부작은 유인원의 진화와 인간과의 갈등을 극적으로 그려 큰 인기를 끌었죠. 실험약물 ALZ 시리즈의 영향으로 지능이 폭발적으로 발달한 침팬지 시저

(Caesar)는 인간과 유인원 사이에서 갈등하면서 점차 복잡한 사회를 만들어 나갑니다. 그런데 영화를 따라가다보면 명확해지는 한가지 사실이 있습니다. 유인원이 아무리 똑똑해져도 발성기관 구조와 사회적 행동 양식을 비롯한 종 고유의 생물학적 한계를 완전히 넘을 수는 없다는 점입니다.

언어란 단순히 '이해한다'와 '구사한다'의 차원을 넘어 훨씬 복잡하고 다양한 능력을 필요로 합니다. 우리의 반려견을 떠올려 봅시다. 개는 주인의 억양과 표정, 몸짓을 통해 감정 상태를 읽고 여러 단어나 명령을 이해할 수 있습니다. 하지만 그렇다고 해서 개가 사람처럼 말을 할 수 있는 것은 아닙니다. '언어를 이해하는 것'과 '말로 자유롭게 표현하는 것' 사이에는 큰 간극이 있습니다. 침팬지도 마찬가지입니다. 일부 개체가 기호판이나 수화를 통해 인간의 언어를 어느정도 이해하고 사용할 수는 있지만, 인간처럼 음성언어를 구사하는 것은 불가능합니다. 그렇다면 왜 인간만이 이처럼 복잡한 언어를 다룰 수 있게 되었을까요? 그 비밀은 뇌와 발성기관, 인간만의 독특한 손 구조, 그리고 유전자 발현 방식의 차이에 숨어 있습니다.

먼저, 인간이 말을 할 수 있기 위해서는 뇌 속 특정 영역들이 핵심 역할을 합니다. 대표적으로 '브로카 영역'(Broca's area)은 문장을 구성하고 발화하는 기능을, '베르니케 영역'(Wernicke' s area)은 언어의 의미를 이해하는 역할을 맡습니다. 1861년 프랑스 의사 폴 브로카(Paul Broca)가 말을 거의 하지 못하는 환자들의 좌측 전두엽 손상을 발견하면서 브로카 영역의 존재를 밝혔습니다. 이어 1874년 독일 의사 칼 베르니케(Carl Wernicke)는 의미 없는 말을 하지만 발음은 유창한 환자 연구를 통해 베르니케 영역의 중요성을 증명했습니다. 이 두 영역은 '궁상얼기'(arcuate fasciculus)라는 신경다발로 연결되어 있는데, 인간의 뇌에서는 이 연결이 매우 발달해 복잡한 문장과 어법을 구사할 수 있습니다. 반면 유인원의 뇌에서는 이 회로가 인간만큼 정교하지 않아 아무리 똑똑한 침팬지라도 인간처럼 유창하게 말을 하기는 어렵습니다.

말을 하기 위해서는 입과 목의 구조도 중요합니다. 인간의 혀와 입술은 침팬지나 다른 유인원에 비해 훨씬 유연하며 후두가 더 아래쪽에 있습니다. 후두는 성대를 포함하는 목소리 상자로, 목을 뒤로 젖힌 상태에서 만져보면 툭 튀어나온 부분이 느껴집니다. 특히 남성에서는 이 돌출부가 더 두드러져 '아담의 사과'(Adam's apple)라고 부르기도 하죠. 후두가 이런 위치에 있기 때문에 혀가 입속 공간을 넓게 활용해 다양한 자음과 모음을 만들어낼 수 있습니다. 반면 유인원은 후두가 높고 혀와 입술 움직임도 제한적이라 복잡한 발음을 내기 어렵습니다. 최근 연구에 따르면, 이런 발성기관 구조의 차이는 단순히 새로운 유전자가 생기거나 갑작스러운 돌연변이가 나타난 결과가 아니라, 원래 있던 유전자가 켜지거나 꺼지는 방식의 변화에서 비롯됐을 가능성이 큽니다. 예를 들어 DNA에 유전자의 스위치를 켜고 끄는 작은 화학 표지가 붙을 수 있는데, 이 표지 가운데 하나가 바로 '메틸기'(-CH3)입니다. 인류의 진화과정에서 이러한 스위치 조절 방식이 달라지면서 얼굴과 턱, 목 구조가 변화했고, 그 덕분에 발음할 수 있는 소리의 폭이 확장된 것이죠.

또 하나의 중요한 진화는 손의 구조입니다. 인간의 엄지는 다른 손가락과 자유롭게 마주 잡을 수 있어 아주 섬세한 손동작이 가능하며, 바늘귀에 실을 꿰거나 나사를 돌리는 등의 정교한 작업이 가능합니다. 유인원 손도 뼈 개수는 비슷하지만, 엄지와 다른 손가락을 맞닿게 하는 동작이 어려워 세밀한 도구 사용에 한계가 있습니다. 대신 나무를 오르거나 꽉 잡는 데 유리하죠. 영화 속 유인원들이 간단한 도구는 사용해도 바느질을 하거나 전자기기를 다루는 모습을 기대하기 어려운 이유가 바로 여기에 있습니다. 앞서 설명했듯이(120-21면) 우리 뇌에서는 섬세한 손동작과 언어표현을 관장하는 회로가 긴밀히 연결되어 있습니다. 초기 인류가 손짓과 몸짓으로 의사를 전하던 방식이 언어의 전 단계로 작용했을 가능성도 제기됩니다. 손은 단순히 도구를 다루는 기관이 아니라 인간이 언어라는 고도의 소통 능력을 발달시킬 수 있었던 첫번째 디딤돌이었던 셈입니다.

참고로 '유인원'(ape)과 '원숭이'(monkey)는 다릅니다. 유인원은 꼬리가 없고 지능이 높은 대형 유인원을 말하며 침팬지, 고릴라, 보노보, 오랑우탄이 여기에 포함됩니다. 반면 원숭이는 꼬리가 있고 상대적으로 지능이 덜 발달한 집단입니다. 영화 속 유인원들은 실제 대형 유인원과 유사한 행동과 사회성을 보여주죠. 「혹성탈출」 리부트 시리즈에서는 일부 침팬지가 'donkey'(당나귀)라는 경멸적인 별명을 얻는데, 이는 인간 사회에서 우둔하고 맹종적인 사람들을 비하하는 영어 표현입니다. 이렇게 영화는 권력과 충성, 배신 같은 인간 사회의 문제를 은유적으로 드러냅니다.

정리하면, 유인원이 인간처럼 말을 하고 사회를 이룬다면 그 현상을 단순히 뇌 크기나 지능 차이만으로 설명할 수 없습니다. 뇌의 언어회로, 발성기관, 손의 구조, 그리고 유전자 발현 등 여러 생물학적 조건이 복합적으로 맞물린 결과입니다. 설령 유인원이 말을 하게 되더라도 인간과 똑같은 사회를 형성하기는 어려울 것입니다. 복잡한 언어와 상징, 지식 공유, 사회 규칙 등은 인간에게만 특별히 발현된 진화의 산물이기 때문입니다.

이렇게 영화가 끝나도 우리의 상상과 과학 탐구는 끝나지 않습니다. 인간만이 가진 고유한 능력, 그러니까 이야기를 만들고 복잡한 사회를 유지하며 끊임없이 '만약'을 묻는 힘을 다시금 생각하게 되는 이유입니다.

5. 호랑이는 죽어서 가죽을 남긴다, 그런데 곰팡이도 가죽을 남긴다면?

호랑이는 죽어서 가죽을 남긴다는 옛말도 있듯이 인류는 아주 오래전부터 가죽을 사용해왔습니다. 구석기인이 험한 환경에서 맨몸을 보호하고자 만든 단순한 옷과 신발에서 오늘날 다양한 제품에 이르기까지, 가죽은 생존 수단에서 소위 패션 명품으로 거듭나며 더 큰 인기를 누리고 있죠. 하지만 그 이면에는 불편한 사실이 있습니다. 일례로 미국 비영리단체인 텍스타일 익스체인지(Textile Exchange) 자료에 따르면, 2022년 한해에 전세계에서 1,340만톤의 동물 가죽 제품이 생산되었다고 합니다. 수많은 동물의 희생이 있었겠죠? 가죽은 흔히 축산업의 부산물로 여겨지지만 사실 무두질 과정에서 화학물질이 대량으로 쓰이고 물과 에너지도 많이 소모됩니다. 그 과정에서 폐수와 고형 폐기물이 쏟

아져 나오고, 온실가스 배출량 역시 무시할 수 없을 정도라는 연구 결과도 있습니다. 이 때문에 일부 환경단체에서는 가죽을 아예 쓰지 말자는 과격한 목소리까지 나오고 있습니다. 아직 이런 주장이 사회적으로 널리 받아들여지지는 않고 있습니다. 그러나 분명한 사실은, 가죽 제품의 생산과정이 환경에 상당한 부담을 주고 있다는 점입니다.

이처럼 동물복지와 환경문제가 맞물리면서 대체품, 곧 인조가죽에 관한 관심이 커지고 있습니다. 보통 석유 화합물을 기본 원료로 하는 합성가죽은 천연가죽과 질감이 비슷하고 내구성도 좋은데다가 상대적으로 가격도 싸서 실용성과 경제성을 겸비하고 있습니다. 다만 폴리우레탄과 염화비닐수지로 만드는 탓에 플라스틱과 마찬가지로 자연에서 분해가 잘되지 않는다는 안타까운 문제점이 있죠. 그래서 최근에는 '비건가죽'이 대안으로 주목받고 있습니다.

비건가죽이란 동물의 가죽을 대체하기 위해 만들어진 인조가죽으로, 주로 식물성 재료로 만듭니다. '비건'(vegan)은 채식주의자를 뜻하는 영어 단어 'vegetarian'의 앞 세 글자와 뒤 두 글자를 합친 말인데, 1944년 영국에서 처음 사용하기 시작했습니다. 사전에서는 비건을 '동물 유래 식품을 전혀 먹지 않을 뿐만 아니라 동물성 제품 일체를 사용하지 않는 사람'으로 정의하고 있죠. 오

피나텍스 파인애플로 만든 피나텍스는 나이키, 휴고보스, H&M 등 전세계적으로 수백개가 넘는 브랜드가 활용하고 있습니다.

늘날 비건의 의미는 더욱 확장되어 동물실험을 거친 모든 제품까지 사용하지 않는 포괄적인 의식주 개념을 뜻하기도 합니다.

비건가죽의 선두 주자 가운데 하나는 '피나텍스'(Piñatex)입니다. 파인애플 잎으로 만든 이 가죽은 가볍고 유연하며, 동물가죽과 유사한 질감을 제공해 많은 패션 브랜드에서 활용되고 있습니다. 파인애플(pineapple)이 하는데 애플(apple)이 가만히 있을 순 없겠죠? 사과가죽도 등장했답니다. 사과주스 생산과정에서 나오는 과육 찌꺼기와 껍질이 이 가죽의 주원료입니다.

또다른 혁신적인 소재는 선인장으로 만든 가죽입니다. '데세르토'(Desserto)로 알려진 이 가죽은 멕시코에서 자라는 선인장으로 만듭니다. 메마른 땅에서도 잘 자라는 선인장은 재배에 물이 많이 들지 않아 매우 친환경적이죠. 데세르토 역시 피나텍스와 마찬가지로 부드럽고 유연한 질감으로 가방과 신발, 의류 등 다양한 제품에 활용되고 있습니다.

이처럼 식물 유래 물질로 만드는 비건가죽은 일단 동물성 원료를 사용하지 않고 생산과정에서 발생하는 오염과 탄소 배출도 줄일 수 있다는 장점이 있습니다. 더욱이 식물성 폐기물을 원료로 사용하게 되면 장점은 배가되지요. 실제로 몇몇 명품 패션 브랜드와 유명 자동차 회사 등이 비건 가죽을 도입하고 있습니다. 이런 추세에 비추어 비건가죽 시장 규모는 크게 성장할 전망이지만, 여기에도 극복해야 할 장애물이 있습니다. 바로 취약한 가격 경쟁력인데요, 이 딜레마를 탈출하기에는 여전히 역부족인 상황에서 인간은 뜻밖의 지원군을 발견합니다. 다름 아닌 곰팡이입니다.

그늘지고 축축하면 벽과 옷, 음식물을 가리지 않고 나타나는 곰팡이는 징글징글한 골칫거리죠? 이 불청객이 기승을 부릴 수 있는 이유는 무엇이든 먹어치우는 먹성 탓입니다. 한편으로는 이런 능력 덕분에 곰팡이는 세균과 함께 생태계에서 분해자 임무를 수행하여 지구의 물질순환을 가능케 하지요.

곰팡이 하면 보통 상한 음식에 핀 가는 실타래 같은 모양이 떠오를 겁니다. 이런 곰팡이를 모양 그대로 '사상균(絲狀菌)'이라고 부릅니다. 곰팡이 하면 떠오르는 바로 그 모습입니다. 빵이나 맥주를 만들 때 사용하는 효모(이스트)는 또다른 곰팡이입니다. 그리고 조금 놀랄 수도 있는데요, 버섯도 곰팡이입니다. 버섯이 토핑으로 올라간 피자를 '풍기피자'라고 하는데, 이때 '풍기'(funghi)란 이탈리아어로 버섯을 뜻합니다. 영어로는 '펀지'(fungi)가 곰팡이이고요. 정리하면, 곰팡이에는 크게 사상균과 효모, 버섯, 이렇게 세종류가 있습니다. 참고로 곰팡이를 '진균(眞菌)'이라고도 부르는데, 여기에는 '작은 균' 곧 '세균(細菌)'과 비교하여 '진짜 균'이라는 뜻이 담겨 있습니다.

'진짜'라는 수식어에 걸맞게 곰팡이는 대체가죽 소재로 당당히 등장해서 이미 상용화 단계에 들어섰습니다. 대표적으로 2018년에 설립된 미국 회사인 볼트 스레즈(Bolt Threads)는 톱밥에서 키운 버섯 균사체로 가방과 요가 매트를 비롯하여 다양한 제품을 생산하여 '마일로'(Mylo^{TM})라는 브랜드로 판매하고 있습니다. 균사체는 일상에서 흔히 볼 수 있는 실타래 같은 전형적인 곰팡이의 생김새예요. 생물학적으로 말하면, 촘촘하게 얽힌 상태로 자라는 균사 덩어리죠. 균사는 곰팡이를 이루는 세포가 연결되어 실처럼 길어진 것인데 '팡이실'이라고도 부릅니다.

균사는 일정한 길이만큼 자라면 가지를 칩니다. 그 결과 균사체는 보통 둥그런 모양을 이룹니다. 곰팡이는 여러 균사체가 위

아래로 얽히며 성장합니다. 실제로 곰팡이를 실험실에서 배양하면 한겹으로 자라지 않고 솜뭉치처럼 자랍니다. 포자는 바람을 타야 멀리 흩어질 수 있는데, 땅속에서 균사체가 자라는 곰팡이는 이게 불가능합니다. 그렇다면 어떻게 해야 할까요? 땅 위로 올라와야겠죠. 곰팡이는 종류에 따라 균사가 겹치고 두꺼워지면서 위로 자라기도 합니다. 곰팡이 가죽 원료의 선두주자로 널리 쓰이고 있는 버섯이 바로 그런 경우죠. 버섯은 곰팡이의 열매이자 세상을 향한 출구인 셈입니다.

버섯에 이어 2022년에는 '템페'(tempeh)라는 음식에서 분리한 사상균인 '리조푸스 데레마'(*Rhizopus delemar*) 균사체로 가죽을 만드는 데 성공했다는 논문이 발표되었습니다. 템페란 콩을 발효한 인도네시아 전통 음식입니다. 스웨덴 과학자가 주도한 유럽 연구진의 실험 개요는 다음과 같습니다.

마른 빵 40킬로그램을 분쇄하여 물 100리터에 넣고 섭씨 80도에서 1시간 동안 살균한 다음 리조푸스 데레마를 투여합니다. 이 곰팡이는 비교적 배양이 쉽고 성장도 빨라서 이틀 만에 빵가루 1그램당 0.15그램에 달하는 균사체를 만들어낸다고 합니다. 잘 자란 균사체를 모아 남아 있는 빵가루를 씻어낸 뒤, 글리세롤을 처리해 신축성을 더했습니다. 그 결과 균사체는 가죽과 비슷한 질감을 가진 새로운 소재로 변했고, 버려진 빵 조각이 유용한 인조가죽으로 다시 태어날 수 있다는 사실이 실험을 통해 확인되었습니다.

곰팡이 가죽의 가장 큰 장점은 환경 친화성입니다. 보통 버려지는 농업 부산물 또는 산업 폐기물에 곰팡이를 키워 원재료를 얻기 때문에 단순한 재활용(recycling)을 넘어선 새활용(upcycling)이라 할 수 있지요. 이게 다가 아닙니다. 다 쓰고 나서 버리면 완전히 생분해되어 환경오염을 최소화할 수 있습니다. 동물성 재료를 사용하지 않아 비건 인증을 받을 수 있고, 동물 복지 실현에도 힘을 보탭니다. 제조 방법도 비교적 간단해요. 충분히 자란 균사체를 수확해서 압축하고 건조한 후 가죽과 유사한 질감을 만들죠. 그런 다음 천연염료나 친환경 화학 처리를 통해 원하는 색상과 특성을 부여하고, 절단 및 재봉 과정을 거쳐 다양한 패션 아이템으로 완성합니다.

현재 여러 회사에서 곰팡이 가죽을 활용한 제품을 출시하고 있습니다. 앞서 소개한 볼트 스레즈는 아디다스(Adidas)와 스텔라 매카트니(Stella McCartney)를 비롯한 유명 브랜드와 협력하여 다양한 제품을 선보이고 있습니다. 또다른 미국 기업 마이코웍스(MycoWorks)는 '파인 마이셀리움'(Fine Mycelium^{TM})이라는 기술을 통해 '레이시'(Reishi^{TM})라는 이름의 고급 곰팡이 가죽을 개발했습니다. 'Mycelium'은 균사체를 뜻하는 영어 단어인데, 이 균사체를 활용해 만든 레이시 가죽은 캐딜락(Cadillac)과 같은 자동차 회사에서 차량 인테리어 소재로 사용하고 있으며 가방, 신발, 가구 등 다양한 패션 아이템에도 활용되고 있습니다. 2021년, 프랑스 명품 브랜드 에르메스(Hermès)는 마이코웍스와 협력하여 곰팡이 가죽으로 만든 가방을 선보이기도 했습니다.

2021년 유엔환경계획(UNEP)이 발간한 「음식물 쓰레기 지수 보고서」(FOOD WASTE INDEX REPORT 2021)에 따르면, 애써 생산한 농·축·수산물 가운데 족히 3분의 1 정도가 온전히 소비되지 못하고 버려집니다. 이 가운데 얼추 절반은 유효기간을 넘긴 식료품 폐기를 포함해서 유통과정에서 발생합니다. 서양에서는 이렇게 버려지는 식품의 상당량이 빵류라고 하는데, 탄수화물이 주성분인 빵은 가축사료 또는 에탄올 같은 발효제품의 생산 원료로 재활용할 수 있습니다. 버려지는 빵을 곰팡이를 통해서 가죽으로 만들 수 있다면 훨씬 더 경제적이고 친환경적인 활용법이 될 거예요. 물론 이를 위해서 소재 생산용 곰팡이 선정과 생산 조건, 올바른 사용 지침 마련과 함께 곰팡이 소재와 관련된 위해성 평가도 심도 있게 병행되어야 하지만 말입니다.

곰팡이 균사체는 가죽 이외에도 포장재와 생분해성 플라스틱, 심지어 건축 자재에 이르기까지 다양한 친환경 소재로 활용될 수 있는 잠재력을 가지고 있습니다. 예컨대 미국 뉴욕주에 본

사를 둔 회사인 에코베이티브(Ecovative)는 균사체를 원료로 스티로폼을 대체할 수 있는 소재인 '마이코폼'(Mycofoam) 개발에 성공해서 현재 미국과 영국 등지에서 생산을 확대하고 있습니다. 'Myco-'는 곰팡이를 뜻하는 영어 접두사입니다. 기존 스티로폼은 플라스틱의 일종으로 자연에서 분해되는 데 수백년이 걸리지만, 마이코폼은 수주에서 수개월 안에 분해되어 퇴비로도 활용할 수 있습니다다. 화장품 회사 러쉬(LUSH), 전자제품 회사 델(DELL), 가구 회사 이케아(IKEA) 등이 이미 이 곰팡이 포장재를 사용하고 있습니다.

한편 미국 항공우주국(NASA)은 달과 화성 같은 지구 밖 건설 현장에서 사용할 미래형 신소재 개발 연구를 곰팡이를 대상으로 진행하고 있습니다. 이름하여 '마이코-아키텍처'(Myco-Architecture), 우리말로 하면 '곰팡이 건축' 프로젝트입니다. 핵심 아이디어는 이렇습니다. ①유연성 있는 플라스틱 얼개에 균사체와 말린 유기물을 지구에서 채워서 우주, 예컨대 화성으로 간다. ②현지에서 물과 함께 적절한 열을 가한다. 그러면 곰팡이가 자라면서 건축물 외관이 만들어진다. ③먹이가 다하거나 열 공급을 중단하면 곰팡이 건축 공사 완료! 그리고 추가 구조물이나 보수에는 곰팡이 포자를 이용하겠다는 계획입니다. 균사체는 견고하고 단열 효과가 좋아서 우주 건축 자재로 손색이 없습니다. 심지어 우주 생활에서 나오는 폐기물도 곰팡이 먹이로 재활용할 수 있고요. 이렇게 된다면 건설자재 운반 비용을 획기적으로 줄일 수 있습니다.

곰팡이 균사체는 다양한 친환경 소재로 활용될 잠재력을 가지고 있습니다. 이러한 소재들은 환경보호와 지속가능한 발전을 위한 중요한 대안으로 주목받고 있으며, 다양한 산업 분야에서 그 활용도가 더욱 확대될 것으로 기대됩니다. 곰팡이에서 태어난 신소재는 환경 부담을 줄이고 생활 속 제품을 새롭게 바꾸는 힘이 될 수 있습니다. 팡이실이 서로 얽혀 인류의 미래를 지탱하는 거대한 그물망으로 뻗어 나갈지도 모릅니다. 이를 실현하기 위해선 지속적인 연구와 개발이 필요하겠죠?

6. 루돌프, 우리의 마음을 지켜주는 과학을 이야기하자

크리스마스가 다가오면 어김없이 떠오르는 전설 속 동물이 있습니다. 반짝이는 코로 밤하늘을 밝히며 산타의 썰매를 끄는 사슴, 아니, 정확히 말하면 순록 루돌프죠. 어린 시절, 창밖에 눈이 내리면 '혹시 저 멀리서 반짝이는 루돌프 코가 보이지 않을까' 하며 마음속으로 산타를 기다리곤 했습니다.

사실 루돌프와 그의 썰매팀은 일반 사슴(deer)이 아니라, 북극권 툰드라와 아한대 숲에서 살아가는 순록(reindeer)입니다. 이들은 혹독한 추위에도 끄떡없는 겨울왕국의 주인공이죠. 단열효과가 뛰어난 털과, 여름엔 진흙을, 겨울엔 얼음을 거뜬히 디디는 기능성 발굽, 그리고 열 손실을 최소화하는 독특한 혈관 구조까지 갖추고 있으니까요. 이쯤 되면 산타도 안심하고 북극 배송을 맡길 수밖에 없겠죠.

산타가 순록이 끄는 썰매를 타는 모습이 문헌에 처음 등장한 것은 1821년에 윌리엄 B. 길리(William B. Gilley)가 집필한 어린이책에서입니다. 우리가 잘 아는 빨간 코의 루돌프는 그로부터 한참 뒤인 1939년, 로버트 메이(Robert May)가 쓴 동화 『루돌프 빨간 코 순록』(Rudolph the Red-Nosed Reindeer)에서 처음 대중에게 소개되었습니다. 동화 속 루돌프는 짙은 안개가 낀 밤, 자신의 빛나는 붉은 코로 길을 밝히며 산타와 친구들을 돕는 영웅입니다. 그런데 루돌프의 이 독특한 코, 과연 과학적으로도 가능할까요?

순록의 코를 자세히 들여다보면 놀랍게도 과학적 근거가 숨어 있습니다. 순록의 콧등은 촘촘한 털로 덮여 있고, 사람보다 약 25퍼센트 더 많은 혈관이 분포해 있습니다. 추운 북극 공기를 마실 때 이 혈관들이 공기를 미리 데워주고, 동시에 산소 공급도 효율적으로 해주죠. 덕분에 심한 추위에 시달리거나 활동량이 많을 때 코끝에 혈액이 몰리면서 붉게 보일 수 있습니다. 겨울에 우리 손가락이나 코끝이 빨개지는 것처럼요. 그러니 루돌프의 빨간 코는 실제 순록의 생리적 특성이 제법 사실적으로 반영되어 있다고 볼 수 있습니다.

하지만 이 코가 진짜 빛을 낼 수 있을까요? 생물이 스스로 빛을 내는 현상, 즉 '생물 발광'(bioluminescence)은 자연계에 실제

로 존재합니다. 바다에 사는 일부 오징어와 해파리, 심해어가 그렇고 육상에선 반딧불이가 대표적이죠. 발광생물은 보통 '루시퍼레이즈'(luciferase)라는 효소를 이용해 화학에너지를 빛에너지로 전환합니다. 루시퍼레이즈는 세포 내에 존재하는 '루시페린'(luciferin)이라는 물질을 산소와 결합해 빛을 만들어냅니다. 놀랍게도 이 과정에서는 열이 거의 발생하지 않기 때문에 자연이 만들어낸 열효율 만점의 차가운 빛이라 불립니다.

오, 그렇다면 루돌프의 빛나는 코가 가능하겠다는 희망을 품을 수도 있겠네요. 하지만 여기엔 맹점이 하나 있습니다. 자연에서 나오는 생물 발광은 대부분 푸른빛 또는 녹색입니다. 물속에서는 이 파장이 더 멀리 퍼지거든요. 반면 루돌프 코처럼 빨간빛은 공기 중에서 잘 흩어지지 않고 멀리까지 도달합니다. 그래서 자동차의 경고등과 브레이크등에 쓰이죠. 다만 실제 생물에게 빨간 발광은 잘 나타나지 않는데, 이는 빛을 내는 단백질이 주로 파랑이나 초록 영역에 맞춰 진화해왔기 때문입니다. 그래도 '루돌프의 코가 붉다'는 설정은 실제 순록의 건강과 생태를 꽤 잘 반영한 상상입니다.

순록의 털은 속털과 겉털의 이중 구조를 이루는데, 속이 빈 겉털은 공기를 가둬 강력한 단열효과를 냅니다. 덕분에 영하 수십 도의 북극 한복판에서도 체온을 유지하고, 부력까지 더해주어 강을 건너는 것도 거뜬합니다. 아울러 순록은 지구상에서 가장 먼 거리를 이동하는 포유류 중 하나로, 일부 무리는 해마다 5,000킬로미터에 달하는 대장정도 마다하지 않습니다.

또 하나 흥미로운 점은, 순록은 사슴과 동물 중에서 드물게 암컷과 수컷 모두 뿔을 지닌다는 사실입니다. 여기에 빼놓을 수 없는 재미있는 사실이 있습니다. 수컷은 늦가을이면 대부분 뿔을 떨어뜨리고, 암컷은 이듬해 봄, 출산 직후까지 뿔을 유지합니다. 그래서 크리스마스가 있는 12월에 뿔을 달고 썰매를 끄는 루돌프 팀의 구성원들은, 사실상 암컷일 가능성이 큽니다.

계절 따라 발굽 모양이 바뀌는 것도 순록의 놀라운 특징입니다. 여름에는 발굽이 넓고 부드러워져 진흙이나 습지에서도 안정적으로 걸을 수 있고, 겨울이 되면 단단해지고 가장자리가 날카로워져 얼음 위에서도 미끄러지지 않습니다. 발굽 사이에 난 털은 미끄럼을 방지하고 보온까지 돕지요. 심지어 발굽은 눈을 파내 땅속의 이끼를 꺼내 먹는 삽 역할까지 합니다.

이렇게 보면 루돌프의 이야기는 단순한 동화가 아니라 실제 순록의 경이로운 생태와 생리를 배경으로 한 과학적 상상입니다. 결국 중요한 건 루돌프의 코가 실제로 빛나느냐가 아니라, 우리 마음속에서 그 이야기가 여전히 빛나고 있는지겠지요. 하얀 눈이 소복이 내리는 밤, 어린 시절처럼 창밖을 바라보며 루돌프를 기다리는 마음, 그게 바로 우리가 간직할 수 있는 크리스마스의 마법 아닐까요?

Q. 왜 인간에게는 크리스마스의 마법 같은 이야기가 필요할까?

생각해볼 포인트
- ☑ 환상은 왜 인간에게 즐거움을 줄까?
- ☑ 환상은 단순한 거짓일까, 아니면 인간이 살아가기에 꼭 필요한 또 하나의 진실일까?
- ☑ 재미있는 상상이 과학 기술의 발전으로 이어진 사례로는 무엇이 있을까?
- ☑ 크리스마스의 루돌프 이야기가 사실이 아니더라도 함께 나누는 경험 자체가 의미가 있는 건 아닐까?

7. 에일리언과 가장 가까운 지구 생물은?

어릴 적 누구나 한번쯤은 상상해봤을 겁니다. "혹시 외계 생명체가 진짜 존재한다면 도대체 어떻게 생겼을까?" 영화 「에일리언」(Alien)의 주인공(?) 괴물은 바로 그 상상의 끝판왕이죠. 흉측한 생김새에, 생존 본능만 남긴 듯한 무자비한 행동, 숙주를 들락날락하며 변태를 거듭하는 기괴한 생애주기까지. 그런데 이 괴물의 특징들을 하나하나 뜯어보면 마냥 허무맹랑한 상상만은 아닙니다. 실제 지구에 사는 생물들 가운데 이와 유사한 모습을 가진 존재들이 적지 않거든요. 다시 말해, 영화 「에일리언」은 단순한 SF영화가 아니라 작가의 창작력과 생물학적 관찰이 한데 어우러진 '괴물 교과서'라고 할 만합니다.

괴물들을 하나하나 살펴볼까요? 먼저 외계 생명체의 등장은 알에서 태어난 페이스허거(Facehugger)로 시작됩니다. 문어처럼 다리가 여러개인 이 생명체는 숙주의 얼굴에 들러붙어 목을 조른 상태에서 기도를 통해 알을 심습니다. 숙주는 곧 의식을 잃게 되고 깨어났을 때는 이미 몸속에서 악몽이 자라고 있죠. 이 장면을 보고 말도 안 된다고 생각할 수도 있지만, 기생말벌의 이야기를 들으면 생각이 달라질 겁니다. 기생말벌도 숙주의 몸속에 알을 낳고, 유충은 숙주의 살을 먹으며 자랍니다. 게다가 이 말벌 애벌레는 대개 치명적인 부위를 마지막에 갉아먹기 때문에 숙주는 끝까지 살아 있는 채로 내부가 비워져갑니다. 자연의 방식이 때로는 영화보다 더 잔혹하죠.

알을 품은 숙주의 가슴을 찢고 나오는 괴물도 있죠. 체스트 버스터(Chestburster)는 영화 「에일리언」 시리즈의 상징 같은 존재입니다. 숙주 몸속에서 자라다가 어느 순간 "펑!" 하고 튀어나오는 모습은 일부 관객을 자리에서 벌떡 일어서게 할 만큼 충격적이었죠. 실제로 촬영 현장에서도 몇몇 배우는 구체적인 연출 내용을 사전에 알지 못해, 진짜 놀란 표정이 카메라에 그대로 담겼다고 합니다. 그런데 이 장면 역시 과장된 듯하지만 생물학에서 영감을 얻은 것입니다. 모델은 바로 연가시입니다. 메뚜기나 귀뚜라미 같은 곤충의 몸속에서 자란 이 기생충은, 성장이 끝나면 숙주를 물가로 유인합니다. 마치 조종당한 듯 숙주는 스스로 물에 뛰어들고, 그 순간 실처럼 길고 가느다란 연가시가 숙주 밖으로 빠져나옵니다. 그 길이는 숙주 몸길이의 몇배나 되죠. 이처럼 숙주를 살아 있는 부화기, 곧 알을 품어내는 장치로 활용하는 생존 전략은 영화 속 외계 생명체와 상당히 닮았습니다.

성체로 성장한 에일리언은 생물이라기보다 '살인 기계'에 가깝습니다. 외골격은 강철보다 단단하고, 뾰족한 꼬리와 이중 턱을 장착한 이 존재는 어디서 튀어나올지 몰라 늘 긴장하게 만듭니다. 그런데 현실에서도 이런 강철 갑옷을 입고 사는 친구가 있습니다. 바로 악마철갑딱정벌레입니다. 북미 사막에 사는 이 곤충은 날개가 퇴화했지만 키틴질 외골격이 여러 층으로 정교하게 맞물려 있어, 심지어 자동차 바퀴에 깔려도 멀쩡할 정도로 튼튼하죠. 과학자들은 이 딱정벌레를 연구해 강한 내구성을 가진 신소재를 개발하려 애쓰고 있으니, 자연의 디자인이 얼마나 정교한지 실감할 수 있습니다.

여기에 에일리언만의 공포 요소가 하나 더 있습니다. 바로 두 개의 턱입니다. 입을 벌리면 그 안에서 또다른 턱이 튀어나와 순식간에 사냥감을 제압하죠. 실제로 바다에는 비슷한 무기를 장착한 생물이 있습니다. 곰치는 입속 깊숙이 '인두턱'이라는 보조 턱을 숨기고 있다가, 먹이를 물면 그 턱을 앞으로 쑥 내밀어 먹이를 단단히 물고 입속으로 끌어당깁니다. 에일리언의 이중 턱 장면은 이러한 곰치의 사냥 방식을 떠올리게 합니다.

영화 속 에일리언이 공격받았을 때는 체액을 튀기죠? 피부에 닿는 순간 금속을 녹이는 강산성 물질로, 에일리언의 무기이자 방어 수단이죠. 마찬가지로 지구에도 이와 유사한 방식으로 적을 물리치는 곤충이 있습니다. 바로 폭탄먼지벌레입니다. 이 벌레는 위협을 느끼면 체내에서 두가지 화학물질을 섞어 100도 가까운 고열의 액체를 '펑!' 하고 분사합니다. 이 액체는 부식성과 강한 자극성을 지녀, 포식자의 눈과 입을 공격해 도망가게 만들죠. 분사와 함께 폭발음까지 나기 때문에 '폭탄먼지벌레'라는 이름도 그럴싸하죠. 이쯤 되면 에일리언이 지구 생물들에서 몇가지 무기만 골라 합쳐놓은 존재처럼 보입니다.

무엇보다 에일리언의 가장 무서운 능력 중 하나는 높은 지능과 감각입니다. 매우 전략적으로 움직이고 인간의 함정을 피해가는 능력까지 보여주죠. 이와 비슷한 능력을 가진 동물은 문어입니다. 문어는 지구에서 가장 똑똑한 무척추동물 중 하나입니다. 위장술은 기본이고 도구 사용, 미로 탈출, 심지어 병뚜껑 여는 기술까지 세밀한 조작 능력을 갖추고 있죠. 다리마다 분산된 신경망 덕분에 마치 여러개의 보조 뇌를 가진 듯한 행동도 합니다. 이런 이유로 문어는 과학자들 사이에서 종종 '바닷속 외계인'이라 불립니다. 에일리언의 롤모델이 될 만하죠.

이처럼 영화 속 외계 생명체는 단순한 창작물이 아닙니다. 지구 생물들의 생존 전략과 진화과정을 면밀히 들여다본 후, 그것들을 조합해 만들어낸 생물학적 상상력의 결정체죠. 자연은 놀랍도록 다양한 생명체를 만들어냈고, 각각은 환경에 맞춰 자신만의 전략으로 살아갑니다. 그 방식이 때로는 잔혹하고 때로는 경이롭지만, 결국 목표는 하나, '생존과 번식'입니다. 그리고 이런 생물학적 사실들이 영화 속 괴생명체를 훨씬 더 그럴듯하게 만들어줍니다.

외계 생명체가 정말 존재할지는 아직 알 수 없습니다. 하지만 지구 생태계를 이해하면, 그들이 어떤 모습일지는 어느정도 상상할 수 있습니다. 왜냐하면 생명체의 형태와 기능은 환경 조건과 진화의 법칙에 따라 만들어지기 때문입니다. 예를 들어, 깊고 차가운 심해에 사는 투명한 몸의 해파리는 빛이 닿지 않는 행성의 바다에서도 살아남을 수 있고, 산소가 없는 곳에서 번성하는 미생물은 화성처럼 대기가 희박하고 산소가 부족한 행성에서 비슷한 생존 전략을 쓸 수 있겠죠. 즉, 지구 곳곳의 극한 환경에서 유유히 살아가는 생물을 탐구하는 일은, 곧 다른 행성에서 어떤 생명체가 등장할 수 있을지를 그려보는 일과 같습니다. 「에일리언」이라는 영화는 단순히 괴물의 공포를 그려낸 작품이 아닙니다. 자연의 놀라운 생존 전략과 진화의 무궁무진한 가능성을 스크린

위에 옮겨놓은 셈입니다. 상상은 현실에서 출발하고, 현실은 상상을 뛰어넘습니다. 그래서 SF는 결코 허공에서 만들어지지 않습니다.

8. 드래곤은 어떻게 불을 뿜을까?

 만약 드래곤을 눈앞에서 본다면 제일 먼저 어떤 생각이 들까요? "저게 어떻게 하늘을 날지?" "몸이 저렇게 큰데 어떻게 움직일 수 있지?" 여러 가지가 떠오르겠지만, 가장 많이들 떠올리는 질문은 이것일 겁니다.
 "대체 어떻게 불을 뿜는 거지?"
 한동안 인터넷에서는 드래곤을 두고 흥미로운 논쟁이 벌어졌습니다. 서양의 전통적인 드래곤은 다리 네개에 날개까지 달려 있는데, 이게 과연 현실적인 생물인가? 척추동물이라면 내부 골격 구조를 가져야 하고, 절지동물이라면 곤충처럼 외골격을 가진 채 탈피를 해야 할 텐데, 드래곤은 그 어떤 분류에도 딱 맞아떨어지지 않기 때문입니다. 결국 드래곤이란 존재는 현실의 생물 분

드라콘 고대 그리스의 드라콘은 날개나 다리가 없는 거대한 뱀에 가까운 괴물로 그려졌습니다. 불을 뿜고 날개가 달린 거대한 드래곤의 이미지는 중세 초기에 등장하기 시작합니다.

류체계를 교묘히 비껴간, 상상력이 만든 산물이라는 얘기겠지요. 그렇다면 가장 판타지스러운 능력인 '불을 뿜는 능력'은 어떨까요? 완전히 허구일까요, 아니면 어딘가 가능성의 씨앗이 숨어 있을까요?

먼저, 드래곤이라는 단어부터 살펴보면 재미있는 사실을 알 수 있습니다. 드래곤(dragon)은 고대 그리스어 드라콘(drákōn)에서 유래했는데, 그 뜻은 '커다란 뱀', 혹은 '응시하는 자'입니다. 처음부터 불을 뿜는 괴물이라기보다는, 커다란 눈으로 상대를 뚫어지게 바라보는 생물, 혹은 무시무시한 뱀의 이미지에 가까웠던 것이죠. 실제로 인류가 상상한 초기의 드래곤은 날개도 없고 뱀처럼 생긴 경우가 많았습니다. 동양의 용도 마찬가지입니다. 긴 몸통에 뱀 같은 유연함을 지녔지만, 신화가 발전하며 점점 다리가 생기고, 날개가 돋고, 불까지 뿜는 '초월적 존재'로 변해갔습니다. 상상이 덧입혀지며 거듭 진화한 셈입니다.

그럼 현실로 돌아와서, 생물이 불을 뿜으려면 어떤 조건이 필요할까요? 아주 단순하게 말하면 두가지가 필요합니다. 첫째는 '연료', 둘째는 '점화장치'입니다. 우선 연료로 가장 가능성 있는 건 메탄가스(CH_4)입니다. 메탄은 수소 네개와 탄소 한개로 이루어진 단순한 화합물인데 가연성이 매우 높아 불을 붙이면 강한 화염을 내뿜습니다. 그런데 흥미로운 점은, 이 메탄을 실제로 만들어내는 미생물이 존재한다는 사실입니다. 이름하여 '메탄 생성균'(methanogen)입니다.

메탄 생성균은 산소가 없는 환경, 더 정확히 말해 산소가 없어야만 살아가는 미생물로, 이산화탄소(CO_2)와 수소(H_2)를 반응시켜 메탄을 만들어냅니다. 이들에게 이산화탄소는 우리가 숨 쉴 때 쓰는 산소와 똑같은 역할을 합니다. 우리가 산소를 들이마시고 포도당을 분해해 에너지를 얻는다면, 메탄 생성균은 이산화탄소를 받아 수소와 반응시키고, 그 과정에서 생존에 필요한 에너지를 확보하죠. 메탄은 이들의 호흡과정에서 생기는 부산물입니다. 우리가 숨을 내쉴 때 이산화탄소가 나오듯 메탄 생성균은 호흡의 결과물로 메탄을 배출합니다. 하지만 이 균들은 산소에 극도로 약합니다. 바로 활성산소 때문입니다.

산소는 우리 삶에 필수지만 동시에 활성산소라는 불안정한 형태로 변하기도 합니다. 활성산소는 세포를 손상하는 강한 산화력을 가졌기 때문에, 우리 몸은 항산화 효소로 이를 끊임없이 처리합니다. 하지만 메탄 생성균은 그런 방어 시스템이 없어 산소에 조금만 노출돼도 큰 타격을 입게 됩니다. 그래서 이 균은 산소가 거의 없는 늪지대, 바닷속 퇴적층, 심지어 인간을 비롯한 동물의 창자 속에서 살고 있습니다. 혹시 늪에서 물방울이 퐁퐁 올라오는 장면을 본 적 있나요? 그 안에는 바로 이 균이 만든 메탄이 들어 있을 수 있습니다.

드래곤이 입이나 장 속에 이런 메탄 생성균을 길러서 꾸준히 메탄을 생산한다고 상상해봅시다. 그럼 다음 문제는, 이 가스를 어떻게 점화하느냐입니다. 역시 현실의 생물에서 힌트를 얻을 수 있습니다. 바로 전기뱀장어입니다. 앞서 본 대로(188면) 전기뱀장어는 특수한 근육세포를 전기기관으로 활용해 스스로 전기를 만들어냅니다. 만약 드래곤도 이런 기관을 갖추고 있다면, 입안에서 이가 부딪힐 때 전기 스파크를 만들어내거나 전기 방전으로 점화를 시도할 수 있겠지요. 아니면 침 속에 인(P)이나 철(Fe) 같은 특수 광물질이 포함되어 있어, 물리적 마찰을 통해 불을 낼 수도 있겠죠.

문제는 이런 시스템이 굉장히 정교해야 한다는 겁니다. 메탄은 쉽게 불이 붙는 기체이기 때문에, 가스가 제어 없이 새어나오면 드래곤 스스로 폭발 위험에 노출됩니다. 이를 막으려면 정확히 원하는 순간에만 가스를 내보내는 정밀한 조절 장치, 예를 들어 밸브 같은 구조가 필요하겠지요. 또한 메탄 생성 속도 역시 충분히 빨라야 합니다. 그래야 전투 중 실시간으로 불을 뿜을 수 있을 테니까요. 결국 드래곤은 어마어마하게 효율적이고 정밀한 생화학 시스템을 갖춘 존재여야 합니다.

현실 세계에서도 전기, 독, 고온, 압력 등 놀라운 능력을 지닌 생물들이 존재합니다. 그렇다면 '불을 뿜는 생물'도 이론적으로는 전혀 불가능한 이야기는 아닐지 모릅니다. 아직 발견되지 않았을 뿐일지도요. 드래곤은 분명히 상상 속의 존재입니다. 하지만 이 존재를 과학적으로 따져보는 일은, 단순한 재미를 넘어서 우리가 자연과 생명, 진화를 더 깊이 이해하고 성찰하게 만듭니다. 어쩌면 드래곤의 불 뿜는 능력에 대한 상상에서 힌트를 얻어 새로운 기술을 발명할 수도 있지 않을까요? 오늘의 상상은 여기까지. 다음에는 또 어떤 기묘한 질문이 우리를 기다리고 있을까요?

이미지 출처

20면 wikimedia commons

39면 wikimedia commons

47면 국립생물자원관

67면 unsplash/Jonas Jaeken

88면 wikimedia commons

132면 wikimedia commons

147면 istockphoto/bloodua

162면 wikimedia commons

168면 Science Source Prints

174면 wikimedia commons

176면 wikimedia commons

202면 Material District

203면 wikimedia commons